Le cerveau
expliqué à mon petit-fils

Jean-Didier Vincent

Le cerveau expliqué à mon petit-fils

Éditions du Seuil

ISBN 978-2-02-109825-9

www.seuil.com

Mon petit-fils s'appelle Constant, c'est un prénom de prince. Dans ma tête, il m'a toujours fait penser au Petit Prince de Saint-Exupéry. Il est âgé aujourd'hui de 16 ans et se prépare à passer l'année prochaine le baccalauréat, cet examen inventé par des adultes pour s'assurer que les enfants sont devenus suffisamment sots pour être considérés comme des grandes personnes. Constant garde encore la merveilleuse innocence d'un esprit qui sait voir derrière les apparences et il pose des questions auxquelles peu d'adultes savent répondre. Il est vif et frais comme l'eau d'un ruisseau avant que la rivière ne la corrompe et il a un cœur énorme et débordant d'amour. Il m'appelle Pépé car je n'ai pas souhaité être appelé Papy – un anglicisme pour faire chic. Pépé en revanche est un vocable qui sent bon le terroir et le souvenir de mes pépés à moi. Le cerveau est au programme de terminale S et Pépé est un chercheur qui a passé sa vie à en étudier les fonctions. Le résultat de cette équation est notre décision commune de consacrer nos conversations de vacances à cet organe aussi admirable que mystérieux. Voici quelques extraits arrachés à ma mémoire incertaine. Il y manque le ton vivace et passionné de nos échanges. C'est le sort des dialogues recomposés après coup d'être tissés d'approximations et de faux souvenirs ; mais, plus que la fidélité aux propos, demeure le sentiment de tendresse entre un grand-père et son petit-fils curieux de savoir.

Le cerveau est probablement l'objet le plus complexe de l'univers. Cela explique son exploration tardive par la science. Mais très tôt, dès la préhistoire, l'homme a compris que l'intérieur de son crâne était indispensable à la vie. L'arrêt de son fonctionnement signifie la mort de l'individu. On sait depuis toujours que pour tuer un homme il suffit de lui couper la tête ou de lui plonger un couteau dans le cœur. Il s'en est ensuivi une longue dispute quant à savoir où siège l'âme : dans le cerveau ou dans le cœur. On sait aujourd'hui que l'âme et l'activité du cerveau vivant sont une seule et même chose. Je conserverai donc le mot « âme », même si ce terme est souvent entaché de philosophie ou de théologie, lorsqu'il s'agira de parler de l'activité psychique (*psyché* désigne l'âme en grec). Ce qui n'enlèvera rien aux mystères de cette dernière : ses relations avec le corps ; le langage dont les mécanismes et les troubles seront décrits ; le tout placé sous l'éclairage de la relation à l'autre (autrui).

L'objet le plus complexe de l'univers

– *Tu as apporté dans ton cartable un modèle de cerveau en plastique grandeur nature : une imitation parfaite, aux mêmes dimensions, qui peut s'ouvrir pour en montrer l'intérieur. Je suis incapable de dire à quoi il ressemble.*

– Tu parles comme les premiers médecins qui ont osé ouvrir le crâne d'un cadavre. Les descriptions qu'ils font du cerveau n'ont rien à voir avec la réalité, comme si leur regard était brouillé par l'importance de l'objet.

– *Une sorte de « terreur sacrée » ?*

– J'y reviendrai quand nous parlerons de l'histoire de l'exploration du cerveau par les savants du temps passé. Sache pour commencer que ce morceau de viande qui pèse entre 1 400 et 1 500 grammes contient 100 milliards de cellules excitables, les *neurones*, plus nombreux que les étoiles de notre galaxie, et autant de cellules non excitables, les *cellules gliales*, formant la « glu » qui assure l'emballage et la cohésion des neurones. La majeure partie des neurones occupent l'écorce (ou *cortex*) du cerveau, qui est comme une peau épaisse, aussi appelée « matière grise » en contraste avec les voies nerveuses sous-jacentes gainées d'une « matière blanche », la myéline.

– *Pardon, Pépé, mais ton cerveau galactique ressemble davantage à une courge fripée qu'à la Voie lactée.*

– Fripée peut-être, mais pas n'importe comment. Le plissement répond à un problème qui s'est posé dans l'évolution des ancêtres – comment faire tenir dans l'étroite boîte crânienne les presque deux mètres carrés que mesure l'étendue déployée du cortex ? La solution que l'évolution a trouvée consiste à lui faire subir des plis et des replis qui dessinent des sillons et des scissures séparant des circonvolutions et des lobes. Tu observeras les deux hémisphères, le droit et le gauche, séparés par une profonde scissure mais réunis par une épaisse bande blanche, le *corps calleux*.

– *Le mieux serait que tu me dessines un cerveau. Notre professeur de dessin dit que dessiner, c'est apprendre à voir.*

– Tu as raison, regarde les *figures 1 et 1'*. Mais voir n'est pas suffisant et la forme ne dit rien de la fonction ou plutôt des fonctions multiples que l'on attribue à cette boîte mystérieuse qu'il ne suffit pas d'ouvrir pour que la vérité s'en échappe. Il faudra plus de deux mille ans pour que la science l'emporte sur les croyances et la superstition. Je vais donc te raconter l'histoire de la découverte du cerveau, car le passé éclaire souvent le présent.

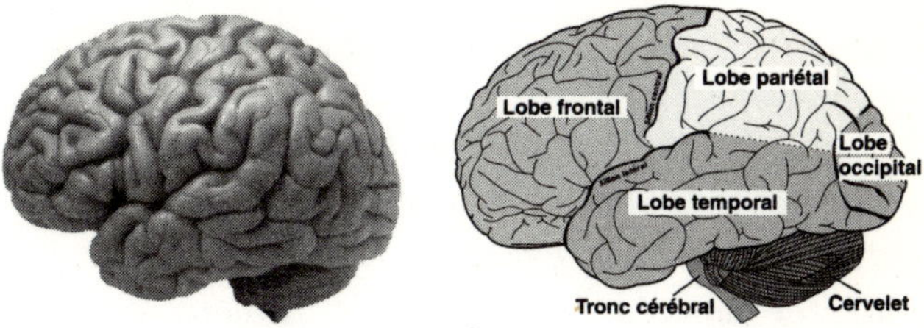

Figure 1 et 1'. Le cerveau humain

Les anciennes représentations du cerveau

– *Ce qui m'étonne, c'est qu'il ait fallu si longtemps pour connaître la structure et le contenu du cerveau. Il paraît que nos ancêtres étaient cannibales et mangeaient la cervelle de leurs ennemis ou celle d'un parent dont ils voulaient acquérir la vertu. Ils ne regardaient pas ce qu'ils mangeaient !*

– Il y avait beaucoup de superstitions autour du cerveau et nos ancêtres manquaient des instruments d'optique modernes, comme d'ailleurs les observateurs de l'univers. Ce qui est étonnant, en revanche, c'est que les savants de l'Antiquité et leurs successeurs du Moyen Âge n'ont décrit dans le cerveau que des espaces vides, les *ventricules cérébraux*, sortes de cavités flasques et sans paroi, qui occupent le centre du cerveau et dans lesquels circulaient selon eux des humeurs liquides, support des esprits animaux.

– *Autrement dit, les esprits animaux, véhicules de la pensée et de l'action, ont les pieds dans l'eau.*

– Ne te moque pas. La pensée métaphorique règne alors dans les sciences. Mais les médecins physiologistes du Moyen Âge ne manquent ni d'imagination ni d'esprit de système. Le modèle alors le plus répandu décrit un courant liquidien qui s'écoule entre le premier ventricule et le deuxième, autrement dit entre le sens commun et le jugement, le troisième étant dévolu à la mémoire.

– *J'ai hâte de revenir à la réalité.*

– Rassure-toi ; enfin Descartes vint. C'est grâce à lui que devient possible une science expérimentale des choses de l'esprit, paradoxalement en se débarrassant de l'esprit.

– *Les Français n'en font-ils pas trop avec Descartes et le cartésianisme ?*

– Descartes essaie de comprendre les liens de l'âme et du corps. Sa pensée inaugure ce qu'on appelle le dualisme scientifique, qui sépare radicalement l'âme *substance pensante* et la matière *substance étendue*. Cela ne veut pas dire que Descartes plonge dans la spiritualité. En réalité, il n'y a pas plus matérialiste que Descartes, dont la biographie montre qu'il a été surtout préoccupé de ses passions bien charnelles et davantage de sa chair (son corps) que de la volonté de Dieu. En inaugurant le dualisme scientifique, il indique la primauté de la conscience, qui permet de penser, donc d'exister, sans se préoccuper de l'âme, qui devient l'affaire exclusive des philosophes et des théologiens.

– *Mais alors, que devient l'âme ?*

– Elle est reléguée par Descartes dans ce qui constituait chez les reptiles le troisième œil : la glande pinéale, par laquelle l'âme s'introduit dans le cerveau. Encore appelée épiphyse en raison de sa position au sommet du cerveau, il s'agit d'une structure unique, ce qui est une raison du choix de Descartes, car il ne pourrait y avoir une âme pour chaque hémisphère.

– *Et à quoi sert l'âme dans le système de Descartes ?*

– En réalité, Descartes, dans son système, ne s'écarte pas beaucoup de la physique scholastique. Dans son traité *De l'homme*, il décrit un mécanisme qui est considéré comme le modèle primitif de ce que par la suite on a appelé un *réflexe*. La perception sensible (vision, audition, goût, odorat, toucher) est due à l'effet des esprits animaux sur l'âme par le moyen de la glande pinéale, qui doit à sa position idéale sur la ligne médiane du cerveau sa promotion au rôle de messagère des esprits et de l'âme. En bref, Descartes a inventé une machine, le problème est que cette machine n'a aucun rapport avec l'anatomie. Il en sera de même à la fin du XXe siècle avec les belles machines que sont les ordinateurs, qui deviendront chez les chercheurs des modèles de fonctionnement de l'esprit.

– *Si je t'ai bien suivi, Descartes n'a pas tranché entre le corps et l'esprit. Descartes a rendu service aux religieux en préservant l'asservissement du corps à la volonté divine dont les pères jésuites de mon collège n'arrêtent pas de me parler. Mais, ensuite, le développement des techniques expérimentales et des instruments physiques ont permis de mieux comprendre le fonctionnement du cerveau-machine, c'est bien ça ?*

– Bravo, tu viens de faire une brillante analyse qui nous permet d'avancer que le cerveau n'est pas une entité désincarnée qui se représente le monde. Ce n'est pas non plus un ordinateur qui, grâce à un superlogiciel, contrôle miraculeusement la machine de notre corps. Il est, en revanche, le centre de nos représentations et de nos sentiments inséparables de nos actions. Je crois personnellement que l'âme et l'activité du cerveau sont une seule et même chose. C'est une position que je défendrai jusqu'à preuve du contraire, c'est-à-dire tant qu'on n'aura pas prouvé qu'il existe des âmes sans cerveau et des cerveaux vivants sans âme.

– *Je suis prêt à te suivre et accepter que le cerveau est une machine intelligente, dotée à la fois de sensibilité, de sentiments et de passions, en même temps que la source d'actions volontaires ou automatiques, avec, enfin, une conscience de soi et une mémoire, comme je l'ai lu sur la table des matières du livre que tu m'as prêté.*

– Et tu oublies toutes les *facultés* qui font de lui le modèle des espèces animales. Les 400 à

500 grammes de matière cérébrale supplémentaire de notre espèce, *Homo sapiens*, par rapport à son ancêtre le plus proche, *Homo erectus*, ont permis un accroissement inégalé, dans l'évolution des espèces, de nos capacités de comprendre, de savoir et de faire.

– C'est bien, mais comment fonctionne le cerveau ? Quelles sont les forces qui lui permettent de telles performances ?

Le cerveau marche à l'électricité

– Il a fallu en finir avec Galien et ses « esprits animaux », après des siècles de règne presque absolu ! Un professeur italien, Luigi Galvani, porte le coup décisif en démontrant l'existence d'une électricité animale qui vient occuper la place incertaine abandonnée par le fluide mystérieux de l'antique médecine. Comme cela est fréquent dans l'histoire des sciences, des expériences erronées ouvrent la porte de la vérité. Pour la première fois dans l'histoire, la science divise l'opinion sans que l'Église s'en mêle. L'objet de la dispute entre Galvani et son contemporain Volta n'est autre que la nature du fluide mystérieux de ces esprits animaux qui animent les corps vivants. En cause, un phénomène physique accessible à la science et qui n'a rien de divin, bien qu'il se manifeste souvent dans le ciel, l'*électricité*. Dans la polémique s'affrontent deux hommes d'un caractère opposé. Alessandro Volta (1745-1827), jeune et brillant professeur à l'université de Parme, un savant ambitieux couvert d'honneur par l'empereur Napoléon, qui fait de lui un comte et un sénateur. Cette faiblesse n'enlève rien à sa gloire d'être le découvreur du courant électrique et de la pile qui porte son nom. De l'autre côté,

Luigi Galvani (1737-1793), titulaire de la chaire d'anatomie à l'université de Bologne, dont la tenue et l'honnêteté des mœurs sont en mesure inverse de l'arrogance de Volta. Sommé de faire allégeance au « libérateur corse », il choisit de se démettre de sa chaire, ajoutant à sa gloire scientifique celle d'un patriote et héros de la liberté. Je ne peux te résumer les expériences successives. En bref, une cuisse de grenouille est reliée par ses nerfs à un fragment de moelle épinière, elle-même suspendue par un crochet de cuivre à une balustrade en fer. On observe alors des contractions spontanées de la cuisse, que Galvani impute à la production d'un courant électrique. Une thèse que réfute Volta : l'électricité observée par Galvani n'est pas produite par l'animal, mais par la pile électrique formée par le contact entre deux métaux différents (le cuivre et le fer). Volta avait raison ; l'idée de Galvani était juste cependant. La lutte fut violente, mais le siècle donna finalement raison à Galvani : il existe bel et bien une électricité animale.

– *C'est une belle bagarre qui me donne envie de faire de la science !*

– Ce n'est qu'au milieu du XIXe siècle, grâce à la mise au point d'instruments capables de mesurer de faibles quantités de courant (les galvanomètres), que l'Italien Carlo Matteucci et le Prussien Emil du Bois-Reymond – la science est déjà européenne – montrent le passage d'un courant entre l'intérieur lésé d'un muscle et sa surface (courant de lésion).

Le phénomène nerveux qui se propage le long des nerfs est une impulsion électrique de quelques millisecondes de durée, formée au niveau de la stimulation et qui se déplace sans varier d'amplitude le long de la fibre nerveuse. La vitesse de conduction de ce « potentiel d'action » mesurée par Hermann von Helmholtz est de quelques mètres par seconde (rien à voir avec les 300 000 kilomètres par seconde de la lumière).

Une question se pose alors : si tous les nerfs transportent un signal identique, comment se fait-il que le nerf optique, qui relie l'œil au cerveau, transporte des informations visuelles, alors que le nerf auditif transmet des sons ? Le physiologiste allemand Johannes Müller suggère qu'il revient au cerveau d'interpréter les messages qu'il reçoit en fonction de leur provenance ; ce que l'on appelle l'*énergie spécifique des nerfs* traduit un codage en ligne de l'information et laisse entrevoir l'existence de régions spécialisées du cerveau pour traiter chaque type de sensation. La grande aventure des localisations cérébrales a commencé.

– Ce que tu me racontes vaut pour les nerfs mais ne me dit pas ce qui se passe dans le cerveau lui-même.

– Il faut d'abord distinguer le système nerveux central et le système nerveux périphérique. Ce dernier innerve les muscles et les organes du corps ; il transporte jusqu'au cerveau les informations venues des récepteurs sensoriels, l'œil pour la vision, l'oreille pour les sons, le nez pour l'odorat, la peau pour le toucher, la bouche pour le goût. On doit y ajouter les sens de l'équilibre et de la position des muscles responsables du tonus musculaire et de la posture.

– *Un automate.*

– Oui, mais il lui manque la vie qui lui vient du *système nerveux central*, avec le cerveau proprement dit et ses deux hémisphères qui reposent sur le *tronc cérébral*. Celui-ci contient tous les faisceaux neuronaux et les ensembles de corps cellulaires ou noyaux, point de départ des nerfs crâniens qui innervent la face et le cou. Il contient aussi des centres importants qui contrôlent la respiration, la circulation du sang, ainsi que des neurones disséminés qui forment la *substance réticulée* ; celle-ci intervient dans la régulation de la vigilance. C'est, enfin, le lieu de passage et de croisement de tous les faisceaux neuronaux qui amènent les informations sensitives vers le cerveau et les ordres moteurs vers les muscles. Pardonne-moi ces données anatomiques, mais tu ne pourrais pas comprendre comment marche le cerveau si tu ne te rappelles pas certains noms de ces lieux découverts principalement au XIXe siècle, qui sont ceux de leur découvreur – comme pour certains pays ou continent. Branché sur le tronc cérébral se trouve un cerveau miniature appelé *cervelet* qui contrôle en parallèle le fonctionnement du cerveau. Je n'en ferai plus mention par la suite, car il n'est pas indispensable à la marche du cerveau. Complétant l'ensemble que l'on appelle *encéphale*, la moelle épinière parcourt le canal vertébral depuis la région cervicale jusqu'au sacrum, en donnant naissance au niveau de chaque vertèbre aux voies de la sensibilité et aux nerfs moteurs.

– *Tout cela ne me dit pas comment fonctionne le cerveau. Pour l'instant, il ressemble plutôt à l'intérieur d'un ventre et pas à une machine électrique !*

– Tu as raison. Jusqu'à 1929, on a nié l'existence d'une électricité dans le cerveau. Un médecin, Hans Berger, a enregistré une activité bioélectrique spontanée cérébrale grâce à des électrodes placées sur le cuir chevelu. L'enregistrement obtenu est appelé électroencéphalogramme (EEG). Les tracés sont caractérisés par leur fréquence et leur amplitude. On distingue quatre types d'ondes ou rythmes :

– le rythme *alpha* (fréquence de 9 à 12 hertz ; amplitude de 50 à 100 μV) : rythme de la région occipitale qui s'enregistre chez le sujet normal éveillé, yeux fermés, aux repos sensoriel et intellectuel. Lorsque le sujet ouvre les yeux ou concentre son attention sur une activité mentale, le rythme alpha disparaît (réaction d'arrêt) et fait place à un rythme plus rapide, le rythme bêta.

– le rythme *bêta* (fréquence supérieure à 14 hertz ; amplitude de 10 à 50 μV), d'origine pariétale et frontale.

– le rythme *thêta* (fréquence de 4 à 7 hertz ; amplitude de 150 à 200 μV) : rythme des régions temporales et pariétales, qui s'observe normalement chez l'enfant et chez l'adulte dans des conditions émotionnelles. Il accompagne fréquemment des pathologies cérébrales.

– le rythme *delta* (fréquence inférieure à 4 hertz ; amplitude de 1 à 200 μV) : normal chez le nourrisson et dans le sommeil profond de l'adulte, mais qui traduit une souffrance cérébrale grave quand il est enregistré chez l'adulte éveillé.

L'EEG est utilisé pour diagnostiquer les pathologies au cours desquelles l'activité bioélectrique cérébrale est susceptible d'être perturbée, et plus particulièrement pour préciser la localisation de tumeurs cérébrales ou les différents types d'épilepsies et les foyers épileptiques.

– Comment ces millions des neurones peuvent-ils produire des rythmes réguliers sans que cela tourne au brouhaha ?

– Ce brouhaha arrive parfois sous la forme de décharges épileptiques qui sont comme des courts-circuits électriques et entraînent la perte de connaissance. Mais, en temps normal, les cellules nerveuses sont organisées en réseaux avec les cellules inexcitables de la glie qui servent d'isolants. Les réseaux communiquent entre eux et alimentent des voies par lesquelles ils inhibent ou entraînent d'autres réseaux.

– Et comment communiquent-ils ?

– Les interactions entre neurones se font par l'intermédiaire de jonctions spécialisées appelées *synapses*, qui constituent les unités de base de l'organisation des circuits nerveux. Je ne te parlerai que des synapses chimiques, qui sont en très large majorité dans le cerveau. Une synapse comporte deux faces qui définissent son orientation : le versant amont où est libérée une substance neurotransmettrice, stockée dans des vésicules. Ce neurotransmetteur diffuse dans l'étroite *fente synaptique*, puis se fixe sur des *récepteurs* spécifiques du versant aval de la synapse. Au point de vue opérationnel, la synapse convertit un signal électrique présynaptique en un signal chimique libéré dans la fente synaptique qui, à son tour, est transformé en signal électrique postsynaptique. Un caractère remarquable de la synapse est sa petite taille, offrant une surface de contact d'une largeur de 0,5 à 2 micromètres. En contrepartie, son abondance est extrême : par exemple, un millimètre cube de substance grise du cortex contient cinquante mille neurones donnant chacun naissance à six mille synapses. Soit un total de 300 millions de synapses. Il existe une régulation à long terme de la quantité du message libérée pour un même signal présynaptique. Les effets sont beaucoup plus lents que ceux de la neurotransmission proprement dite et peuvent durer de quelques secondes à des heures, voire des jours, ce qui intervient dans la mémoire.

J'en terminerai avec les synapses en te disant qu'elles sont la cible principale des médicaments dits psychotropes, que l'on utilise pour soigner l'esprit quand il est dérangé. Nous aurons l'occasion d'en parler car il s'agit du grand problème de santé publique que sont les maladies mentales.

– *Tous ces milliards de neurones qui se connectent en réseaux m'impressionnent, mais comment imaginer qu'ils commandent les mouvements, la sensibilité et la satisfaction de nos besoins ? Est-ce tout mon cerveau qui me dit que mon corps a faim ou une région spéciale ? Est-ce tout mon cerveau qui perçoit le monde, ses formes, ses couleurs, ses odeurs ? Est-ce lui qui a peur ? Est-ce lui qui crie, qui parle, qui compte, qui aime ses parents et la crème au chocolat ?*

– La tentation de la facilité et la pression de la religion étaient fortes pour considérer le cerveau comme un tout homogène : siège de l'âme entourant les ventricules détenteurs des facultés. Mais les progrès de l'anatomie, de l'histologie et surtout de l'observation anatomique des cerveaux malades, auxquels se sont ajoutées les stimulations électriques, ont permis à la théorie des localisations cérébrales de s'épanouir.

– *C'est ce qu'on appelle les « bosses du crâne » ? Maman dit que j'ai la bosse des maths.*

– C'est encore une histoire où une expérience fausse a permis l'éclosion d'une théorie vraie. Ce fut le mérite de Franz Joseph Gall et de son élève Johann Gaspar Spurzheim de bâtir une nouvelle science, la *phrénologie*, dont le succès fut immense dans la première moitié du XIXe siècle, tout en passant du cabinet du savant aux salons de la bonne société. Les bases de cette science trop mondaine pour être honnête étaient pourtant correctes : 1) le cerveau est l'organe de la pensée ; 2) les facultés mentales et morales sont localisées au niveau d'aires corticales spécifiques ; 3) un excès ou un déficit de ces facultés pourrait être détecté en examinant le cerveau. Le bât blesse sur ce dernier point. Gall pense, en effet, que les bosses du crâne sont la manifestation extérieure de l'activité cérébrale sous-jacente, comme tu pourras le voir sur la *figure 2*. Le système de Gall fut victime de son succès. Dépassé par des admirateurs sans scrupules, il fut relégué dans le camp des charlatans avec Franz Anton Mesmer, gloire éteinte du magnétisme animal. Il n'empêche que la dynamique des localisations était lancée.

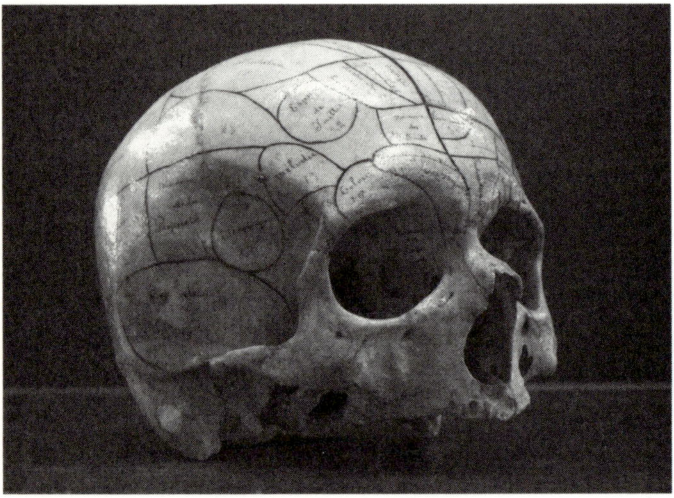

Figure 2. Les localisations cérébrales selon Gall, 1807
(© Éric Le Roux, université Claude-Bernard-Lyon 1)

Le triomphe des localisationnistes

– C'est avec Pierre-Paul Broca que s'ouvre véritablement l'ère moderne des localisations cérébrales.

– Je le connais. Il est de Sainte-Foy-la-Grande, la ville de ton enfance au collège protestant de Guyenne et celle de tes grands-parents paternels. Es-tu devenu neurobiologiste à cause de ce grand homme ?

– Sûrement, tout Sainte-Foy-la-Grande célébrait son héros Broca, dont la statue ornait la place principale. Son socle me servait de tribune pour la fête de l'école. Je te signalerai pour l'anecdote que Louis-Pierre Gratiolet, le premier anatomiste à avoir décrit avec précision les circonvolutions du cerveau, était lui aussi originaire de Sainte-Foy-la-Grande – une citadelle protestante où le père de Broca était pasteur et celui de Gratiolet médecin catholique et de pauvre pratique en raison de son statut minoritaire dans la « Genève française ». Cela n'empêcha nullement Broca d'accueillir et de protéger le jeune Gratiolet quand celui-ci entreprit à Paris des études de médecine à l'ombre de son grand aîné. Cela n'empêcha pas non plus Gratiolet d'être un farouche opposant à la doctrine des localisations. Je remarque que

Jean-Baptiste Bouillaud et Marc Dax, précurseurs des localisations, étaient protestants. Que vient faire la religion dans cette affaire ? C'est un exemple du poids de l'idéologie dans la science. Mais le véritable héros de l'étude des localisations cérébrales est un brave homme nommé Leborgne. Ce malade, âgé de 51 ans à sa mort en avril 1861, ne pouvait depuis des années répéter que « Tan tan », les seuls mots en sa possession. Il était connu à l'hospice de Bicêtre sous le sobriquet de Tan. C'était une nouvelle habitude de garder les malades « intéressants » à l'hôpital afin d'en examiner le cerveau après leur mort. Celui de Leborgne présentait une lésion bien visible de l'hémisphère gauche, plus précisément dans la troisième circonvolution frontale, appelée depuis « aire de Broca ».

Il fallut lutter contre les globalistes comme Karl Spencer Lashley qui mesurait les facultés d'un rat en proportion de la quantité de cerveau enlevé ou Friedrich Goltz de Strasbourg qui exhiba dans un congrès international un chien sans cortex pouvant marcher. Les confirmations vinrent des électrophysiologistes armés de leurs électrodes métalliques reliées à un générateur de courant.

– Ton histoire me fait penser à la conquête coloniale dans laquelle les grandes puissances se partagent des territoires soumis par la force de leurs armées.

– Tu ne crois pas si bien dire : les recherches, à l'aide de stimulations électriques du cortex cérébral, furent inaugurées par les Allemands Gustav Fritsch et Eduard Hitzig, qui voulaient démontrer la fausseté des travaux français. Ils montrèrent à l'opposé que la stimulation du cortex frontal du chien provoquait certains mouvements des membres du côté opposé à celui de la zone cérébrale stimulée ! Trois ans plus tard, les localisateurs anglo-saxons réussirent à établir la carte des points moteurs chez le chien. Celle-ci montre pour chaque hémisphère une représentation grossière du côté opposé du corps qui s'étale sur la circonvolution frontale ascendante. La représentation dite *somatotopique* de la moitié controlatérale du corps humain fut obtenue dans les années 1940 par un neurochirurgien canadien, Wilder Penfield, qui profita d'interventions chirurgicales chez des patients épileptiques résistant aux traitements chimiques pour stimuler à l'aide d'électrodes l'écorce cérébrale que l'on sait insensible au toucher. Le résultat fut spectaculaire : l'ensemble des points dessine sur la frontale ascendante un bonhomme grotesque qui fait penser à l'*homonculus* des alchimistes. Les régions motrices occupent une superficie proportionnelle à leur importance fonctionnelle. Ainsi, une grande surface est consacrée à la face et aux organes vocaux, ainsi qu'à la main droite, au pouce et aux muscles faciaux. Ce demi-homonculus regarde en arrière, tourné vers la scissure centrale. Le dos est faiblement représenté et le pied repose sur la face interne de l'hémisphère. C'est ce que l'on voit sur la *figure 3*.

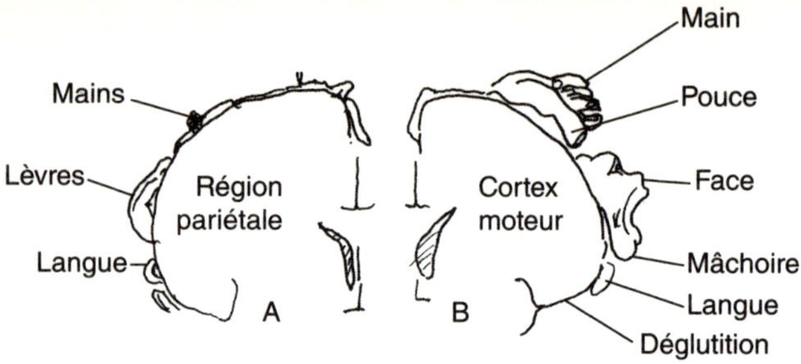

Figure 3. Représentation de la sensibilité (A) et de la motricité (B) sur le cortex cérébral

– *Ainsi, nous possédons dans notre cerveau deux homonculus qui commandent chacun les mouvements d'une moitié du corps ? Mais j'ai du mal à imaginer comment des milliards de neurones peuvent se loger dans des portions de cortex. Ça doit se bousculer au portillon.*

– Certes : il faut entrer dans les détails pour comprendre comment cela fonctionne. Le XIXe siècle n'est pas seulement celui de l'électricité et de l'anatomie clinique, il est celui de la théorie cellulaire, dont les neurones sont la traduction la plus spectaculaire.

La théorie neuronale

– La question du « où » paraissant résolue et les facultés instrumentales et intellectuelles de l'homme étant désormais assignées à résidence dans des territoires bien délimités, il restait la question du « comment » : quels sont les moyens et l'organisation par lesquels le cerveau exerce son empire sur notre misérable chair ?

On sait depuis le milieu du XIXe siècle que la vie possède une unité de base, la cellule. Le cerveau ne fait pas exception à la règle, il est composé, comme je te l'ai dit, des *neurones*, cellules de formes extraordinairement variées, accompagnées d'autres cellules « moins nobles » qui les flanquent tel un valet son maître : les *cellules gliales*.

Un véritable conflit va opposer les deux grands anatomistes du système nerveux : l'Italien Camillo Golgi et l'Espagnol Santiago Ramón y Cajal. Le premier invente la technique portant son nom qui permet, grâce à une imprégnation argentique comparable à celle utilisée en photographie, de révéler sur des tranches fines de cerveau les neurones avec leurs fins prolongements : « Spectacle inattendu ! s'émerveille Ramón y Cajal qui a reçu une formation d'artiste peintre. Sur un fond jaune d'une translucidité parfaite apparaissent clairsemés des filaments noirs lisses et minces, ou épineux et épais, des corps noirs triangulaires, étoilés, fusiformes ! On dirait des dessins à l'encre de Chine sur un papier transparent du Japon. »

Mais les deux anatomistes, réunis par un prix Nobel en 1906, s'affrontent sur la question de l'organisation des cellules nerveuses : un réseau continu pour Golgi, discontinu pour Ramón y Cajal. Selon Golgi, les innombrables branches partant du corps cellulaires et leurs ramifications forment ce qu'on appelle un *syncytium* sans interruption avec les branches des autres cellules. Selon Ramón y Cajal, la cellule nerveuse forme une unité fonctionnelle : le *neurone* avec son *axone* et ses *dendrites* ; il s'articule avec d'autres neurones par l'intermédiaire de formations spécialisées : les *synapses* dont je t'ai déjà parlé. Il existe toutes sortes de neurones : en étoile, en pyramide, en grain, etc. Je me contenterai de distinguer les *neurones à longs prolongements*, formant les voies de communication à distance, et les *neurones locaux* bipolaires, réunissant deux cellules voisines.

Les populations de neurones et l'établissement des cartes du cerveau

– Je vais maintenant entrer plus profondément dans le détail de la structure du cerveau à l'échelle microscopique.

– *Je me sens comme le Petit Poucet perdu dans la forêt des neurones.*

– Ce n'est pas étonnant. Depuis la fin du XIXe siècle, les histologistes se sont efforcés de mettre de l'ordre dans l'organisation des cellules et de leurs prolongements dans le cortex cérébral – un véritable travail d'archiviste, pas toujours facile à suivre. Quand tu regardes la surface des hémisphères, tu es confronté à ce qu'on appelle le *néocortex*, c'est-à-dire le cortex le plus récent dans l'évolution des espèces. Ce manteau est parcouru par de nombreux replis qui constituent l'écorce cérébrale, faite de corps cellulaires et de fibres (la substance grise), épaisse de 2 à 3 millimètres, reposant sur de la substance blanche parcourue par des fibres myélinisées.

Une poétesse a comparé l'écorce cérébrale à la « peau de l'âme », ce qui répond bien à son rôle dans l'ensemble des facultés et fonctions supérieures du cerveau, de la pensée à l'action. L'organisation du cortex en couches (la *lamination*) constitue une architecture qui a servi de critère pour déterminer des aires du cortex se distinguant les unes des autres pour les délimiter par l'épaisseur de leurs couches cellulaires : une carte géologique, en somme. La classification repose sur les variations que subit la structure du cortex initial composé de six couches cellulaires superposées. La distinction des aires architectoniques recoupe pour une grande part l'organisation fonctionnelle du cortex.

La notion de localisation et d'organisation cartographique du cerveau doit tenir compte de l'existence d'abondantes connexions entre les aires cérébrales telles qu'elles ont été définies par l'*histologie*, ainsi que l'on dénomme l'étude des structures microscopiques des tissus. L'existence des connexions entre aires corticales est connue depuis longtemps. Fibres d'association courtes d'une circonvolution à l'autre, faisceaux d'association d'un lobe à l'autre, commissures entre les hémisphères, on peut faire toute une description du cortex en termes d'association. On doit rapprocher ces travaux du contexte de la psychologie de la fin du XIXe siècle (l'associationnisme), où l'on cherchait à expliquer les fonctions complexes (les fonctions cognitives) par l'association de fonctions plus élémentaires.

On distingue aujourd'hui les *aires primaires*, celles qui sont connectées directement aux organes sensoriels ou moteurs, et les aires secondaires, ou associatives, dont les seules connexions proviennent d'autres aires cérébrales, qui reçoivent donc de l'information déjà traitée, au second degré en quelque sorte. Les aires corticales associatives, situées principalement dans le lobe frontal (les aires préfrontales) et dans le lobe pariétal, se distinguent nettement des aires primaires. Leur étendue est plus marquée chez l'homme que chez les autres animaux ; leur maturation est plus lente que celle des aires primaires ; enfin, leur lésion provoque des déficits d'ordre cognitif. Nous reviendrons longuement sur ce dernier point. On voit donc, avec les connexions entre zones cérébrales, se compléter le schéma fonctionnel de l'ensemble. Les localisations ne fonctionnent pas de façon isolée, elles font partie de réseaux où circule l'information.

Nous devons maintenant faire une plongée dans l'intérieur du cerveau, des structures anciennes – notamment le paléocortex ou cerveau limbique qui ne comprend que deux ou trois couches de neurones et les structures du cerveau médian (diencéphale) qui gèrent les comportements élémentaires, les fonctions végétatives et les fonctions affectives (émotions et sentiments) – qui nous permettront ensuite de jeter un nouveau regard sur les fonctions dites cognitives.

Le cerveau végétatif

– *Explique-moi ce que l'on appelle les fonctions végétatives.*

– Ce sont les fonctions communes à tous les êtres vivants. Chez les vertébrés, le cerveau est le maître d'œuvre de ces fonctions : il en dirige le bon déroulement. Chez l'homme, tu sais que la mort du cerveau signifie la mort du sujet. Il existe des cas où la perte de conscience chez le patient à la suite de lésions graves des hémisphères est compatible avec la persistance des fonctions végétatives ; on parle alors de coma ou d'état végétatif. En revanche, les lésions graves du tronc cérébral engendrent un coma profond et des troubles majeurs des fonctions végétatives incompatibles avec la survie.

Ces admirables machines à vivre sont regroupées dans la base du cerveau. Ce sont en quelque sorte les « communs » de la maison cerveau. Le cœur en est l'*hypothalamus*, visible sur la *figure 4*.

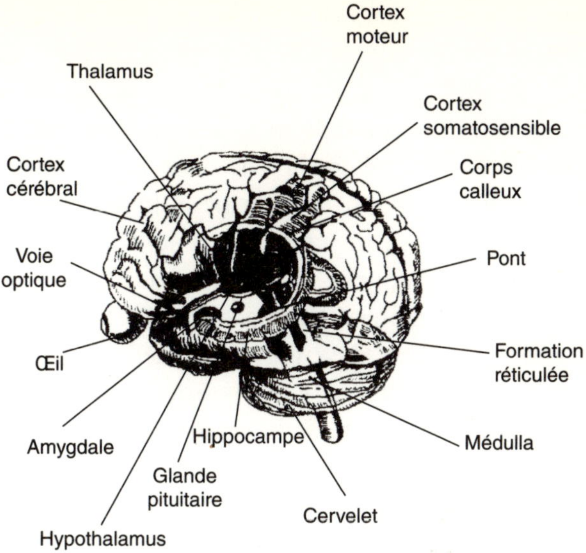

Figure 4. Schéma de l'intérieur du cerveau
(hypothalamus, diencéphale)

– *J'attends avec impatience que tu me parles de l'hypothalamus. D'après ce que j'ai cru comprendre, c'est le territoire de tes activités de chercheur.*

– C'est une petite région guère plus grande qu'un ongle de pouce. Elle est en forme d'entonnoir (*infundibulum*). Son étroitesse n'a d'égal que l'encombrement des fonctions qui s'y entassent et des physiologistes qui s'y pressent. Il reçoit des messages en provenance des différents organes de l'intérieur du corps, les viscères ; il est directement sensible aux modifications du milieu intérieur grâce à des récepteurs spécifiques. Ses modalités d'intervention sur le corps sont multiples. On peut considérer que l'hypothalamus est lui-même une glande multimodale avec ses grandes cellules dont les axones se terminent dans la partie postérieure de l'hypophyse – la neurohypophyse qui est une extension du cerveau où sont libérées les deux neurohormones : l'ocytocine qui agit sur les glandes mammaires et la vasopressine qui régule le débit liquidien des reins. Ces deux hormones sont également libérées à l'intérieur du cerveau, où elles interviennent dans certains comportements. L'hypothalamus est enfin la source de multiples neuropeptides, petites protéines libérées dans une circulation privée destinée à la glande hypophyse où elles jouent un rôle de facteur de libération ou d'inhibition des hormones systémiques sécrétées par les principales glandes endocrines (thyroïde, corticosurrénales, glandes sexuelles, pancréas, etc.).

– *En résumé, l'hypothalamus, c'est donc le cerveau du milieu intérieur, l'alpha et l'oméga de toutes les fonctions végétatives ?*

– On ne saurait mieux dire.

La température

– L'homme, comme la plupart des mammifères et des oiseaux, est un animal à température interne constante (on dit *endotherme*). La température est uniforme d'un endroit à l'autre du cerveau (autour de 37°C), elle s'impose à l'ensemble du corps. Comparable au régulateur d'ambiance que l'on trouve dans les appartements, un thermostat est placé dans l'hypothalamus. Celui-ci est informé des variations de la température du corps grâce à des détecteurs thermiques situés dans le cerveau ou sur la peau et dans les viscères. On distingue des neurones sensibles uniquement à la baisse de température et d'autres sensibles à l'élévation. Après avoir rassemblé et analysé toutes les informations, la « centrale » thermorégulatrice déclenche les réactions appropriées du corps destinées à produire ou à éliminer de la chaleur. La température suit un rythme journalier avec une baisse de quelques dixièmes de degré pendant la seconde moitié de la nuit, la température la plus basse se situant aux alentours de 3 heures du matin. Ce rythme thermique suit celui du sommeil. Il peut s'en désolidariser, par exemple lors d'un changement rapide de fuseau horaire. J'aurai l'occasion de revenir sur l'*horloge cérébrale* qui règle ces rythmes journaliers appelés encore *circadiens*, caractéristiques de tous les êtres vivants, bêtes et plantes, soumis à l'alternance du jour et de la nuit.

– *Mais je suis sensible à la température extérieure et le soleil me met de bonne humeur. Cet après-midi, j'irai bronzer avec les lézards.*

– Eux sont encore plus sensibles à la température ambiante : à la différence de toi dont la température reste constante – sauf quand tu as de la fièvre –, la leur suit les variations extérieures, ce sont des *ectothermes*.

Le sommeil

– Le sommeil et l'éveil sont deux états inséparables liés aux rythmes de la vie, qui alternent comme le jour et la nuit – cette dernière étant réservée au sommeil chez les humains qui sont actifs pendant la journée. Certains animaux dorment le jour : ce sont des animaux nocturnes, en général des chasseurs, des prédateurs qui n'ont rien à craindre des autres et peuvent dormir tranquilles quand tout s'agite autour d'eux. Ce n'est pas le cas des animaux traqués, les proies, qui ont besoin de l'obscurité complice pour s'endormir. C'est le cas du lapin.

– *Est-ce que le cerveau se repose quand il dort ?*

– Il s'agit d'une idée reçue – et erronée. La cessation d'activité du cerveau signifie la mort. Un cerveau vivant n'est jamais au repos. Sa dépense énergétique est à peu près un cinquième de la dépense totale du corps – ce qui pour son poids relatif (1,5 kilo) est énorme. Lorsqu'il accomplit une tâche comme penser, parler, calculer ou accomplir un acte quelconque, sa dépense n'excède jamais 5 % supplémentaires. On se demande encore à quoi servent les 95 % restants, qui se traduisent en imagerie cérébrale par des oscillations visibles (peut-être une remise en ordre de la machine cérébrale ?).

– *Comment sait-on que quelqu'un dort ?*

– L'observation visuelle est trompeuse, mais on dispose aujourd'hui de méthodes qui permettent d'enregistrer avec précision les différents stades de sommeil qui se succèdent, grâce à des électrodes collées sur la peau du crâne. Celles-ci recueillent l'électroencéphalogramme – l'EEG –, l'électromyogramme, les mouvements oculaires ou d'autres sondes corporelles qui enregistrent la pression artérielle, la respiration et, chez l'homme, l'érection du pénis lors du sommeil paradoxal. On distingue quatre stades de sommeil lent avec un EEG, allant de l'alpha au delta, qui correspond à un sommeil profond. Celui-ci est interrompu régulièrement par un stade de sommeil dit paradoxal parce qu'il associe un profond sommeil à un EEG d'éveil avec une perte du tonus musculaire et des mouvements oculaires. Si l'on réveille le sujet pendant cette période, il raconte souvent qu'il a rêvé. L'ensemble constitue un cycle de sommeil dont la durée est constante au cours de la nuit et d'un individu à l'autre. Le sommeil total est formé par la succession de quatre à cinq cycles comportant un allongement progressif de la durée du sommeil paradoxal aux dépens du sommeil lent alors que l'on approche du matin. Cela t'explique la fréquence des rêves matinaux souvent entrecoupés de brefs éveils qui permettent de s'en souvenir. J'ajoute la présence d'une érection matinale que tu as sûrement dû observer toi-même.

– *Comment marche cette étrange machine qui peut passer de l'éveil au sommeil sans arrêter de travailler ?*

– Question difficile ! Ce n'est pas vrai pour le reste du corps, qui lui a besoin de repos aussi bien au niveau sensoriel qu'au niveau des actes. Dans le sommeil, les systèmes désirants ne sont pas à l'arrêt, même s'ils ne s'accompagnent pas d'action. Je pense aux écriteaux qu'on voit parfois sur la vitrine d'un magasin, « Pendant les travaux, la vente continue ».

– *Le soir, je me couche de bonne heure et je m'endors en voyant des images étranges qui s'effacent de ma conscience comme si on avait appuyé sur un interrupteur.*

– Tu ne crois pas si bien dire. Le modèle actuel de machine à sommeil (qui est aussi une machine à éveil) fait appel à deux interrupteurs de type *flip-flop* qui présentent donc deux états, *on* et *off* (comme, par exemple, sur les compteurs d'électricité domestique). Le déclencheur du sommeil est situé dans l'hypothalamus antérieur et celui de l'éveil dans l'hypothalamus médian, qui s'inhibent réciproquement. Se greffe sur ce double commutateur un troisième mécanisme constitué par un amas de neurones situés dans l'hypothalamus postérieur et latéral, une sorte de sécurité pour ne pas s'endormir de façon involontaire, par exemple à un moment important ou nécessitant une attention soutenue – en particulier pendant que je te raconte tout ça. La destruction de ces neurones provoque chez le sujet des attaques de *narcolepsie*, endormissement brutal en sommeil paradoxal sans transition, dû à un dérèglement du système *flip-flop*. L'éveil est tellement important pour la survie d'un animal que l'évolution a ajouté peu à peu des systèmes d'éveil qui sont enchevêtrés dans tout le cerveau. Il faut retenir que l'un des principaux neuromédiateurs de l'éveil est l'*histamine*. Ainsi, la plupart des antihistaminiques que l'on utilise contre l'allergie ont l'inconvénient de provoquer de la somnolence.

– Parle-moi de ce sommeil paradoxal qui survient au cours du sommeil mais qui peut aussi survenir en plein éveil.

– Le système déclencheur de sommeil paradoxal n'est pas logé dans l'hypothalamus mais dans la partie moyenne du tronc cérébral et rassemble des neurones aux fonctions diverses. Un des groupes, activé par le sommeil paradoxal, bloque par des voies descendantes au niveau de la moelle épinière l'activité des nerfs qui innervent les muscles (sauf ceux de la respiration et des yeux). C'est pour cela que l'on observe une disparition du tonus musculaire généralisée au cours du sommeil paradoxal. Lorsqu'on détruit ce système, le rêveur peut « vivre son rêve » et présenter des comportements oniriques en plein éveil, comme chercher à tuer sa femme dans un cas qui m'a été rapporté.

– Tu viens de me décrire la machine à dormir. Cela ne me dit toujours pas quels sont les agents qui la font marcher.

– Tu vas sûrement te moquer de moi si je te parle du marchand de sable. Quand j'ai fait sa connaissance, il était une vedette de la télévision en compagnie d'un ours débonnaire – l'émission à l'heure du coucher s'appelait « Bonne nuit les petits ! ». Le marchand savait ce qu'il faisait : l'enfant s'était tellement dépensé pendant la journée qu'il survenait toujours à point nommé pour lui permettre de reconstituer ses réserves d'énergie épuisées par son activité débordante. Longtemps, moi aussi, je me suis couché de bonne heure, jusqu'à ce que les désordres de ma vie rendent la tâche du marchand de sable impossible : tant de rendez-vous manqués avec celui-ci ont fini par le décourager. Je dois pour dormir utiliser du sable de contrebande, des somnifères, qui ne sont pas toujours de bonne qualité. On pense qu'il s'agit de l'*adénosine* qui provient de la dégradation des molécules d'ATP (adénosine-triphosphate) liée à l'activité cellulaire. L'élévation du taux d'adénosine dans l'espace extracellulaire du cerveau traduit donc l'épuisement progressif de ses provisions et augmente la pression qui va finalement déclencher la machine à dormir et un sommeil lent réparateur.

– J'ai une question : pourquoi bâille-t-on avant de s'endormir ?

– Des chercheurs curieux se sont récemment intéressés à ce phénomène, qui est universel et se retrouve chez tous les vertébrés à l'exception de la girafe. Je t'épargne les travaux auxquels a donné lieu ce mystère. Pour faire bref : grâce à l'ouverture de la bouche et les contractions de certains muscles qui l'accompagnent, le bâillement permet d'orienter vers le cerveau et les centres du sommeil l'adénosine transportée par le liquide céphalorachidien.

– Le sommeil est aussi soumis à l'alternance du jour et de la nuit.

– C'est le plus bel exemple de l'horloge biologique cérébrale dite circadienne. L'homme est un animal diurne. Il est mal équipé pour voir la nuit ; celle-ci est faite pour dormir. Le rythme veille-sommeil donné par l'horloge est relativement stable dans des conditions où n'interviennent pas trop de facteurs extérieurs. C'est ce que montrent clairement les expériences menées sur des sujets en isolement (dans une grotte ou un bunker) coupés de la lumière et des bruits du monde. Dans ces conditions, les sujets n'ont aucun repère temporel : pas de montre, pas de radio, seulement la télévision avec des cassettes. Ils peuvent allumer ou éteindre la lumière quand ils veulent mais n'ont aucun repère quant au cycle solaire. On s'aperçoit alors que l'horloge circadienne de l'homme est réglée en réalité sur vingt-quatre heures et vingt minutes. Les sujets vont se coucher le premier soir vers 22 heures, puis chaque soir vingt minutes plus tard, si bien qu'environ un mois après (30 × 20 min = 600 min = 10 h), ils vont se coucher à 22 heures + 10 h, soit 8 heures du matin, croyant toujours qu'il est 22 heures. Si l'expérience dure longtemps, leur séjour leur paraîtra plus court qu'il n'est réellement.

– *Qu'est-ce qu'on peut dire du sommeil paradoxal qui suit, apparemment, un rythme différent de celui du sommeil normal ?*

– Il suit, en effet, un rythme plus rapide qui s'active toutes les quatre-vingt-dix minutes chez l'homme et passe le plus souvent inaperçu pendant l'éveil. On parle de rythme *ultradien*, qui correspond pendant la journée à une activation périodique de l'attention et se manifeste pendant le sommeil par un déclenchement périodique qui pourrait être amorcé par le refroidissement du cerveau se produisant pendant le sommeil profond. Nous sommes dans un royaume des horloges aussi étrange que le pays d'Alice. Voici une horloge d'une grande stabilité qui déclenche le sommeil paradoxal toutes les quatre-vingt-dix minutes au cours du sommeil profond. Survient alors un éveil intérieur qui échappe à la conscience et qui est provoqué par l'activation de systèmes différents de ceux de l'éveil extérieur. Ce processus active les commandes motrices du cortex qui ne peuvent toutefois parvenir jusqu'aux muscles, car un autre système vient bloquer l'exécution des mouvements au niveau de la moelle épinière, comme je te l'ai déjà dit. En même temps, l'activation des structures limbiques mobilise les souvenirs et suscite les images du rêve. Comme le dit mon maître Michel Jouvet, tous ces phénomènes se déroulent en dehors de ton attention et de ta conscience. Tu es rêvé par ton inconscient. La machine du rêve est la machine de ton inconscient et ta volonté ne peut rien y faire. Voilà de quoi faire rougir de plaisir un psychanalyste.

– *Finalement, à quoi sert le sommeil ?*

– Tous les êtres animés ont droit au repos réparateur ; il efface la fatigue du corps, qu'il s'agisse des muscles ou des nerfs. Mais qu'est-ce que la fatigue ? S'agit-il de réparer la dépense énergétique ? Répondre à un *besoin* qui devient irrépressible ? Ou encore rembourser une dette qui s'est alourdie pendant un éveil trop prolongé. Les expériences de privation de sommeil montrent une élévation de la pression à dormir avec une priorité du sommeil profond lors de la phase de récupération exprimant un *rebond* qui ne concerne qu'indirectement le sommeil paradoxal.

– *Il n'y a pas besoin d'être un chercheur pour savoir qu'il existe un besoin de dormir. Quand je manque de sommeil à cause de mes révisions, à un moment je ne peux plus m'empêcher de m'endormir.*

– Le besoin de sommeil est inégal d'un individu à l'autre : il y a les grands et les petits dormeurs, sans que l'on puisse affirmer que les premiers soient plus intelligents que les seconds. Le besoin de sommeil diminue avec l'âge et lors de certaines périodes de la vie. Il varie aussi avec les espèces : le manchot empereur mâle reste debout à couver l'œuf sans dormir pendant un à deux mois, le temps pour la femelle de pratiquer la pêche au large et en grande profondeur, afin de ramener de la nourriture pour le poussin nouveau-né. L'albatros n'est pas en reste d'héroïsme, puisqu'il peut faire des milliers de kilomètres en volant pendant plus de quinze jours sans se poser, pour chercher du poisson. Il est vrai qu'il existe peut-être chez ces espèces un sommeil localisé, l'albatros, comme le gendarme, ne dormant que d'un œil, ou plutôt alternativement avec son cerveau droit (œil gauche fermé) et son cerveau gauche (œil droit fermé) tout en respectant le rythme d'alternance jour-nuit. Un autre cas exemplaire, cher à Jouvet, est le dauphin, dont la respiration est volontaire et qui risquerait donc de se noyer lorsqu'il vient en surface s'il ne dormait alternativement avec ses hémisphères droit et gauche, afin de pouvoir surveiller avec l'œil controlatéral à la fois ses proies et les vagues. Les fonctions du sommeil paradoxal sont aussi nombreuses qu'hypothétiques.

– *Crois-tu aux rêves prémonitoires, notamment aux rêves qui permettent de prévoir et éventuellement d'éviter des événements malheureux ?*

– Je ne suis pas magicien et ne crois pas aux présages qui relèvent du domaine de la parapsychologie, étrangère à la raison raisonnante de la science orthodoxe. En revanche, il faut savoir que le contenu des rêves dépend souvent du passé proche et de l'état biologique du sujet, et qu'à ce titre il peut fournir des indications sur sa santé en jouant un rôle d'avertisseur. La suractivation des systèmes désirants au cours du sommeil paradoxal permet d'évacuer un trop-plein d'énergie pulsionnelle.

– Le rêve, c'est donc peut-être une affaire de mémoire.

– C'est effectivement autour de la mémoire que tournent les hypothèses les plus sérieuses concernant le sommeil paradoxal. Celui-ci favoriserait la mémoire en faisant le ménage des souvenirs encombrants en vue de nouvelles acquisitions. Il consoliderait les traces mnésiques ayant une valeur essentielle à la survie du rêveur. C'est en effet dans le domaine de l'adaptation et de la dimension temporelle de l'état fluctuant de la psyché que se trouve la fonction la plus importante de ce sommeil. Pour Jouvet, il permettrait au sujet de maintenir la constance de son identité et utiliserait les activations des systèmes désirants pour se reprogrammer. On rejoint ici la psychanalyse et les intuitions de Sigmund Freud, dont t'a sûrement parlé ton prof de philo. Cette approche du psychisme humain cherche dans l'étude du travail du rêve les traces de cette identité comme un passé toujours en devenir ? C'est peut-être dans la biologie que la psychanalyse trouve en fait son meilleur avocat !

Les comportements de base

– Après avoir étudié le sommeil, il nous faut aborder les autres fonctions végétatives, communes donc à tous les animaux, c'est-à-dire se nourrir, boire et se reproduire avec les affections qui les accompagnent : la faim, la soif et l'amour. Ce que j'appelle des passions.

– *« Passions » ? N'est-ce pas exagéré pour désigner des états ordinaires ?*

– Justement ! Je désigne par passions tout ce qui est éprouvé par l'homme ou l'animal dans son corps. Dans les trois comportements de base, on retrouve le désir à l'œuvre avec son cortège d'affects spécifiques qui balancent entre plaisir et douleur, joie et souffrance. Je te propose d'explorer successivement ces trois passions.

Manger

– C'est dans son cerveau que l'homme se met à table et particulièrement dans l'hypothalamus, où s'élaborent les opérations chimiques qui président à la prise alimentaire depuis la table jusqu'au ventre.

– *Mais explique-moi d'où viennent la saveur et l'odeur des choses que nous mangeons.*

– C'est ton cerveau qui perçoit les odeurs accompagnant les images de ce que tu vois sur la table.

– *Pépé, regarde ces belles roses qui nous entourent. Leur parfum n'est qu'à elles.*

– Certes, mais, pas plus que sa couleur ou sa forme, cette fameuse odeur des roses n'existerait pas s'il n'y avait un être vivant – une abeille ou une femme – pour la sentir.

– *Donc, l'olfaction, comme la vision ou encore les autres sens, est le travail du cerveau.*

– Oui, c'est bien le cerveau qui, à partir des données sensorielles, construit une représentation de l'odeur. On parle d'une image olfactive.

– *Comme une image visuelle ?*

– Exactement, mais qui provient d'aires spécialisées autres que celles de la vision. Cela n'empêche pas le cerveau d'associer l'image visuelle à l'image olfactive de sorte que les deux contribuent à la beauté de la fleur. L'odeur parvient d'abord au corps par le nez lors de l'inspiration et un premier contact avec les cellules sensuelles olfactives. Ensuite, les arômes dégagés dans la bouche gagnent à nouveau l'organe olfactif en remontant par-derrière (voie rétronasale). Les saveurs sont ainsi étroitement mêlées dans la bouche aux odeurs (on parle de flaveurs) si bien que les deux sens, olfactif et gustatif, même s'ils sont autonomes sur le plan anatomique, sont étroitement confondus dans ce qu'on appelle le « sens oral ».

– *Je vais te poser une question toute bête : pourquoi une chose a-t-elle un goût amer et pourquoi le sucre est-il sucré ou le sel salé et l'acide acide ?*

– La question du « pourquoi » est toujours difficile. Pourquoi une chose est-elle ce qu'elle est ? En matière d'aliment, c'est la bouche qui propose et le cerveau qui dispose. On reconnaît usuellement ces quatre saveurs (sucré, salé, amer, acide), mais on en a oublié une, l'*umami*, qui est la saveur spécifique du glutamate, le condiment préféré des Asiatiques. Retour à la bouche : sa surface intérieure est recouverte de papilles. Celles-ci, au nombre d'environ deux mille, ont des formes de champignon ou de vallée et portent sur leurs flancs des bourgeons gustatifs. Chaque bourgeon contient une centaine de cellules sensorielles d'où partent des fibres nerveuses qui se rassemblent pour former les nerfs du goût. Une fibre reçoit des influx de plusieurs cellules sensorielles et une cellule sensorielle est innervée par plusieurs fibres. Tu conçois la difficulté d'établir un chemin précis pour le transport des sensations en contact direct avec le liquide buccal ! Les cellules sensorielles reconnaissent distinctement les cinq saveurs. Ce sont les récepteurs du goût.

– *Comment ces récepteurs reconnaissent-ils les substances qui possèdent telle ou telle saveur ?*

– C'est une grande question pour la biologie. Le récepteur reconnaît par affinité la molécule sapide (« goûteuse ») lorsqu'elle la rencontre. Plus l'affinité est grande, plus la rencontre a des chances de se faire. En cas d'affinité faible, il faut davantage de molécules sapides pour que la liaison ait lieu. En l'absence d'affinité, pas de rencontre. Pour qu'une substance ait du goût, il faut donc qu'elle soit en concentration suffisante et assez brassée dans les liquides de la bouche pour parvenir au contact d'un récepteur qui la reconnaît et sur lequel elle se fixe. La fixation de la molécule sapide sur le récepteur entraîne l'activation de ce dernier et déclenche une cascade d'effets dans la cellule qui aboutit à la naissance d'un influx. Celui-ci se transmet par l'intermédiaire de synapses aux fibres nerveuses en contact avec la cellule sensorielle. Sur une seule cellule sensorielle, des milliers, voire des millions de récepteurs sont à l'affût. Aucun type n'a l'exclusivité dans une cellule. 90 % des cellules répondent à deux saveurs au moins. Des chercheurs viennent d'identifier les récepteurs gustatifs de l'amer. Contrairement à ce qu'on croyait, il n'existe pas un récepteur unique pour l'amer, mais une famille nombreuse de gènes (une cinquantaine) codant la synthèse d'autant de molécules dont la structure globale évoque celle des récepteurs olfactifs.

– *Pourquoi y a-t-il autant de récepteurs différents ?*

– On peut se poser la question. L'amertume est souvent associée au caractère dangereux de la substance. Elle est ressentie de façon innée et très précoce par l'enfant et l'animal. Il est possible que l'évolution ait retenu un grand nombre de molécules réceptrices permettant de couvrir la pluricité et l'extraordinaire diversité structurale des substances nocives pour l'organisme. Ce qui est en jeu, ce n'est pas la sélectivité de l'identification, mais surtout de ne rien laisser passer dans l'organisme qui puisse lui nuire. *Amer égale danger.*

Manger est un « opéra bouffe » qui se joue avec deux acteurs principaux, le cerveau et le corps, qui ne quittent jamais la scène. Le second mobilise le tube digestif, ses glandes annexes, foie et pancréas, et surtout la graisse qui, malgré sa dispersion, forme un véritable organe dont les cellules (les *adipocytes*) sécrètent une hormone protéique, la *leptine,* qui est une sorte d'adipostat (par analogie avec thermostat) : elle augmente avec la masse adipeuse afin de diminuer les entrées énergétiques et baisse lors de la diminution du contenu en graisse des adipocytes. Sa fonction principale est de freiner l'appétit : un coupe-faim biologique.

– Nous revoilà dans l'hypothalamus, ton coin de cerveau préféré.

– Et pour cause. Dans un espace anatomique restreint et sur plusieurs scènes se jouent, simultanément ou en alternance, plusieurs pièces avec de nombreux acteurs, neuromédiateurs et hormones qui dialoguent et s'affrontent.

– D'après ce que tu dis, le comportement dépend exclusivement du cerveau et particulièrement de l'hypothalamus.

– Tu me provoques. Tu sais bien que, sans le corps, le cerveau n'est plus rien. Je viens de te parler de la leptine sécrétée par les cellules graisseuses, mais interviennent également les facteurs hormonaux du *métabolisme*, comme on appelle l'ensemble des transformations chimiques et des échanges qui assurent le fonctionnement vital des cellules d'un organisme. Y participent le foie, le pancréas, les intestins et les glandes surrénales. Leur dérèglement est responsable du terrible « syndrome métabolique » qui associe obésité, diabète, hypertension artérielle et troubles cardiaques, un tueur qui nécessite régimes et médicaments le plus souvent inefficaces. Plutôt que te parler de médecine et de nutrition, je préfère conclure sur l'odorat, un sens que nous cultivons tous les deux et où tout se passe dans le cerveau.

L'odorat est le plus intime des sens. Son domaine reste confiné au cerveau du sujet qui sent, même si une « scène olfactive » peut se partager. Tout réside précisément dans la capacité du cerveau. Mais rien d'extérieur ne viendra attester de ce que l'autre sent au bout de son nez. Aucun critère objectif partageable, comme il en existe pour la vision, l'audition ou le toucher, n'est à notre disposition. Un individu peut très bien être privé d'olfaction – on parle alors d'*anosmie* – sans que les autres s'en rendent compte.

Aucun caractère physique ou chimique ne permet d'attribuer avec certitude une nature odorante à une molécule. Cette dernière ne sent que parce qu'un récepteur existe pour la sentir. Le stimulus n'est pas un paramètre physique variant de façon continue comme les longueurs d'onde pour la vision ou l'audition, mais une combinaison stérique (c'est-à-dire spatiale) de groupements atomiques. En gros, c'est la forme géométrique de la molécule qui détermine son odeur.

– *Plus je t'écoute, plus je comprends l'importance des sens et surtout de ce qui leur donne un* sens : *sentir ou être senti, se sentir bien ou mal, ou ne pas pouvoir sentir quelqu'un et, enfin, sentir, c'est aussi goûter. Est-ce que je t'ai bien suivi ?*

– Le sens oral entraîne une façon spécifique d'être affecté, plus profonde que ne le font les autres sens. Mais ce long exposé m'a donné soif. Je t'offre un verre de vrai sirop d'orgeat.

Boire

– Boire de l'eau pure ou coupée avec un adjuvant procure un plaisir intime qui traduit la satisfaction d'un besoin du corps qui s'exprime par une sensation : la soif. L'eau du corps représente 70 % de son poids. Notre organisme perd de l'eau en permanence par la peau, les poumons et les reins. C'est l'eau contenue dans les aliments et dans les boissons qui compense ces pertes. Boire est donc une nécessité pour rétablir l'équilibre liquidien de l'organisme, comme manger est nécessaire à l'équilibre énergétique. On observe dans les deux cas la présence de centres nerveux réglant ces comportements. Lors d'un déficit en eau, deux régulations interviennent. La première diminue les sorties d'eau en fermant plus ou moins le robinet urinaire : c'est le rôle de la *vasopressine* ou *hormone antidiurétique* sécrétée dans le sang par le cerveau au niveau de la neurohypophyse, dont je t'ai déjà parlé.

Il existe une maladie par laquelle les cellules nerveuses qui sécrètent la vasopressine sont détruites. L'eau n'étant plus retenue au niveau des reins, le sujet urine plus de deux litres d'eau par jour. Cette fuite d'eau ne s'accompagne pas de sucre dans les urines comme dans le cas du diabète sucré, d'où son nom de *diabète insipide*, facilement diagnosticable en goûtant les urines, seul moyen de dosage dont disposaient les médecins du XVIIe siècle.

L'eau est inégalement répartie entre l'intérieur et l'extérieur des cellules. Lorsque la pression osmotique extracellulaire augmente (la pression osmotique représente la concentration des substances dissoutes dans l'eau) par perte d'eau ou absorption de sels, l'eau intracellulaire traverse la membrane afin de maintenir la balance osmotique entre les deux comportements. Il en résulte une déshydratation cellulaire. Celle-ci se signale au sujet par une sensation de soif dite intracellulaire. Lorsque, à l'inverse, le milieu extracellulaire diminue de volume (hémorragie), la pression osmotique ne varie pas et la baisse du volume extracellulaire se traduit par une soif dite extracellulaire.

Le cerveau dispose de récepteurs pour décider de la nature de la soif. Ce sont les *osmorécepteurs* pour la pression osmotique et les *volorécepteurs* pour le volume sanguin – les premiers localisés dans la paroi antérieure de l'hypothalamus au contact des vaisseaux sanguins, les seconds dans le cœur.

La soif extracellulaire résulte d'une diminution du volume sanguin – c'est le cas lorsque le sujet saigne – et c'est alors la libération d'une hormone, l'*angiotensine*, en réponse à l'hémorragie, qui est directement responsable de la soif. On peut d'ailleurs déclencher la soif chez un animal (rat, chien, etc.) en injectant directement de l'angiotensine dans son cerveau. On dit que cette hormone est un *agent dipsogène universel.*

Pardonne-moi ce long discours. J'ai une excuse, il s'agit d'un de mes sujets de recherche.

– Je suis un peu déçu, Pépé. Tu me parles de boire comme si tu étais un buveur d'eau, alors que tu m'as appris très tôt à déguster le vin. C'est un

de tes compagnons de vie, tu lui as consacré une partie de ton temps libre.

– La dégustation du vin n'est pas au programme de nos entretiens, même si le cerveau en est l'agent principal. C'est une science pratique qui nécessite un apprentissage et une solide mémoire olfactive. Tu as tout le temps pour apprendre.

– *Quand on dit de quelqu'un qu'« il boit », est-ce que ça veut dire qu'il est alcoolique ?*

– Le vin est effectivement une boisson alcoolique. Or l'alcool est un poison destructeur pour le cerveau de l'homme lorsqu'il est consommé avec excès. Je te parlerai bientôt de l'addiction qui est *le côté noir du plaisir.*

Se reproduire

– La reproduction est la bonne conscience des amants, la cause ultime de l'acte sexuel pour la sauvegarde de l'espèce. Je te parlerai de la cause première de la reproduction ; on l'appelle l'AMOUR. Je donne à ce mot un sens universel : la vie, ai-je l'habitude de dire, c'est quand l'amour vient à la matière et que se déclenche le grand jeu des reconnaissances entre molécules selon leurs affinités électives. Cela ne concerne pas seulement les molécules du vivant mais aussi les organismes qu'elles forment. Le moteur est le désir, le pouvoir d'attraction, et son compagnon le plaisir chez les espèces les plus évoluées. On parle aussi de sexe et d'instinct sexuel, mais ce n'est qu'une question de vocabulaire ! Le cerveau est le premier des organes sexuels. Je serais tenté de dire que c'est dans le cerveau que tout se passe.

– *Alors pourquoi tous ces mystères autour du sexe et toutes ces fables que l'on raconte aux enfants ?*

– D'abord, cette attitude n'existe pas chez tous les peuples et n'est pas une donnée biologique. Cela ne rentre donc pas dans notre propos. À l'écart des interdits religieux, revenons à l'hypothalamus semblable à une abbaye avec ses chapelles dévolues au sexe et autres fonctions végétatives.

– *En parlant du sexe, on évoque souvent le rôle des hormones.*

– Je te rappelle ce qu'est une hormone : une substance fabriquée par les cellules d'une glande, libérée dans le sang et agissant à distance sur d'autres cellules. Les hormones sexuelles sont produites dans le corps par les glandes génitales, les *gonades* (ovaires et testicules), et libérées dans la circulation sanguine. Ce sont les *androgènes* (testiculaires et surrénaliens) et les *stéroïdes ovariens* (œstradiol et progestérone) respectivement chez l'homme et la femme. Ces hormones sexuelles qui circulent librement dans le corps n'agissent qu'en des lieux précis du système nerveux où se trouvent des neurones sensibles électivement aux stéroïdes.

Les hormones, celles du fœtus et celles de la mère, jouent un rôle déterminant dans la construction des circuits cérébraux dont dépendront les fonctions sexuelles de l'individu, et notamment ses comportements mâle ou femelle plus ou moins affirmés. J'insiste sur l'étonnante ambivalence des hormones sexuelles : la testostérone est convertie à l'intérieur des neurones en œstradiol pour y exercer sa fonction masculinisante. Elle exerce une action stimulante sur l'activité sexuelle mâle aussi bien que femelle. En revanche, la progestérone, hormone femelle par excellence et qui passe pour avoir un effet inhibiteur sur l'activité sexuelle mâle, s'avère également stimulante dans certaines conditions. Ainsi, un pic de progestérone accompagne la montée du désir mâle à la tombée de la nuit.

C'est, en effet, dans l'hypothalamus que se déroulent les événements majeurs de la sexualité. Il est aussi une glande neurosécrétrice qui déverse ses produits dans la circulation sanguine locale de façon à irriguer l'hypophyse, glande importante puisqu'elle commande toutes les autres grâce à ses stimulines. L'hypothalamus sécrète notamment la lulibérine, qui gouverne deux gonadostimulines hypophysaires (LH et FSH). Celles-ci à leur tour dirigent la sécrétion des hormones sexuelles. Cette cascade de commandements rappelle l'armée, avec le général hypothalamus, les officiers hypophysaires et les soldats gonadiques. En retour, ces hormones agissent sur leurs cellules émettrices pour les freiner ou pour les stimuler, ce que l'on appelle des rétroactions (ou *feedbacks*). Il est, bien sûr, inutile que tu retiennes tous ces noms, sauf pour passer tes examens – mais j'ajoute : l'amour n'est pas un examen !

– *N'est-ce pas un exemple de ce que l'on appelle la cybernétique ?*

– Exact ! Pour les ingénieurs, la vie et l'amour ne sont rien d'autre que le fonctionnement d'une machine bien réglée. Ainsi, la lulibérine est sécrétée par l'hypothalamus de façon périodique : une giclée toutes les quatre-vingts à quatre-vingt-dix minutes. L'hypothalamus est comme un chef d'orchestre qui bat la mesure : *gic-gic*, au rythme d'une giclée toutes les quatre-vingt-dix minutes. Pendant l'enfance, jusqu'à 10-14 ans, ces giclées sont faibles et les hormones sexuelles restent à un taux bas dans le sang. Le sexe est en sommeil, malgré quelques réveils sporadiques qui témoignent que l'enfant conserve une sexualité pendant cette longue période. Or voici que, soudain, le chef d'orchestre hypothalamique amplifie les battues et accélère le rythme. En réponse, les gonades sécrètent leurs hormones et c'est alors la puberté avec le duo oestradiol-progestérone chez la fille qui doit affronter ses premières règles en se posant cette question angoissante : pourquoi mon sexe saigne-t-il ? C'est un bouleversement circulatoire local lié à une chute hormonale en fin de cycle qui déclenche l'hémorragie. Chez le garçon, c'est la révolution pubertaire qui vient brutalement avec ses érections et ses éjaculations spontanées (pollutions nocturnes). Il change de voix et ne pense plus qu'à ce désir qui lui travaille le corps.

– *Est-ce qu'on sait ce qui déclenche la puberté ?*

– On sait aujourd'hui que c'est une molécule peptidique (une petite protéine), le kisspeptide, qui déclenche le rythme accéléré de la lulibérine.

– *Mais qu'est-ce qui déclenche la sécrétion de ton kisspeptide ? (Quel drôle de nom !)*

– Toujours la question des causes. Il semble que ce soit une hormone du corps sécrétée par les cellules graisseuses, la leptine dont je t'ai déjà parlé à propos du comportement alimentaire. Cela explique que l'âge de la puberté soit relié à la masse graisseuse. C'est valable pour les filles : celles qui ont de l'embonpoint sont réglées plus tôt. Sur les garçons, on est moins renseigné.

– *Je suppose qu'il y a dans l'hypothalamus des centres réservés au sexe comme il y en a pour le sommeil, la température du corps, la faim et la soif ?*

– Bien sûr. Ce sont les endroits du cerveau où se joue la musique du désir sexuel. L'aire antérodorsale, une zone située en avant de l'hypothalamus, joue un rôle dans le comportement mâle. Ce centre reçoit des informations en provenance de toutes les modalités sensorielles et intègre les impressions qui concourent à entretenir le feu du désir et à déclencher la phase précopulatoire pour peu qu'une femelle en état de réceptivité ou une femme consentante soit à la portée du pénis. Il assure ensuite la poursuite de l'acte proprement dit. La dopamine est le neuromédiateur principal impliqué dans l'activation du centre. C'est une dopamine spécialisée dans le sexe qui vient de neurones situés au voisinage du centre mâle. Ce système dopaminergique impliqué spécifiquement dans le sexe explique que le plaisir sexuel fasse relativement bande à part parmi ses compagnons de plaisir. Le centre n'agit pas seul mais en étroite relation avec les régions qui contrôlent la motricité et notamment les postures sexuelles. Sont également concernées les zones qui interviennent dans la mémoire – aimer chez l'être humain, c'est souvent le souvenir – et les émotions. En bref, tout ce qui donne un sens à l'amour au-delà de la simple nécessité pour l'espèce de se reproduire[1].

– *Tu décris le centre mâle. N'y aurait-il pas de centre pour les filles ?*

– Si, c'est une zone (le *noyau ventro-médian*) impliquée dans le comportement alimentaire et dans les comportements d'aversion. L'injection d'œstradiol dans cette région chez une ratte castrée

1. Cf. Jean-Didier Vincent, *Le Sexe expliqué à ma fille*, Paris, Seuil, 2010.

corrige la perte du comportement sexuel. On peut même induire par une injection d'œstradiol dans cette zone un comportement femelle chez un mâle castré qui accepte alors volontiers un amoureux du même sexe. Tout cela souligne la variabilité de l'orientation sexuelle dont on parle tant aujourd'hui.

– *N'y a-t-il que du sexe dans le lien entre un mâle et une femelle ?*

– Tu as entendu parler des campagnols, charmants petits rongeurs campagnards vivant aux États-Unis. Depuis les années 1980, un domaine nouveau s'est ouvert dans le champ de la psychologie sociale, celui de la biologie du lien, qu'on désigne encore sous le mot d'*attachement*.

– *Tu veux dire l'amour.*

– Pas à proprement parler. C'est une attraction (chez l'humain) qui unit entre eux deux individus de la même espèce : la mère et le père, deux partenaires sexuels ou deux amis, mais également la mère et son (ou ses) petit(s).

– *Je ne vois pas de différence avec l'amour.*

– Elle est essentielle. La satisfaction du désir sexuel n'implique pas le lien entre les amants : amants d'une fois, amants d'un jour – celle ou celui que l'on quitte au petit matin et qu'on ne reverra jamais. L'attachement en revanche est durable.

Sa cause est vraisemblablement chimique. C'est ici qu'interviennent les deux peptides évoqués, fabriqués par les neurones dans l'hypothalamus, la *vasopressine* et l'*ocytocine* déjà impliqués dans le sang. L'attachement n'est pas du sexe, mais la vérité m'oblige toutefois à dire que, chez les rats, les souris, les campagnols et les ouistitis, espèces les plus étudiées par les biologistes, l'attachement commence par un accouplement au cours duquel de l'ocytocine est libérée dans les régions basses et profondes du cerveau. Chez deux individus humains qui font l'amour, il se produit souvent un état paroxystique qui accompagne l'éjaculation chez l'homme et l'acmé de la jouissance chez la femme ; l'ocytocine est libérée dans l'hypothalamus où elle forme avec la dopamine le duo neurochimique du plaisir/désir.

– *Le comportement sexuel – le mot « coït » me fait rire – a donc pour but la reproduction ? C'est ce que disent les vieux. Mes camarades au lycée ne semblent pas de cet avis et essaient surtout de ne pas se reproduire !*

– Pour conclure sur une note optimiste, je répéterai une fois encore que la cause immédiate du sexe est la recherche du plaisir. Avoir un partenaire régulier accroît le rendement hédonique – dans un premier temps tout au moins. Tout se passe chez les ouistitis comme si les copulations fréquemment répétées au début de la liaison tendaient à installer et à consolider l'attachement. Chez le mâle, la présence d'un rival potentiel augmente le rythme des accouplements. La femelle n'est pas épargnée par la jalousie. Elle déploie un nombre accru de sollicitations sexuelles lorsqu'elle est exposée à l'odeur d'une reproductrice étrangère. Les braves ouistitis, loin d'être des modèles de débauche, sont donc les grands défenseurs de l'ordre moral et les apôtres de la fidélité dans le couple. La leçon te servira peut-être plus tard. Mais ne t'en prends qu'à toi-même si tu trompes ta femme. Je ne serai plus là pour te faire la morale.

J'ai gardé pour la fin de notre conversation le cortex préfrontal, chef de la cuisine des sens, qui règne sur l'hypothalamus et ses centres avec ses voies du paradis et de l'enfer où se croisent les plaisirs et les peines, les récompenses et les punitions. On croisera certes d'aimables hédonistes, des jouisseurs au teint clair, d'autres aux traits plombés par une nuit d'excès ; on fera mine de ne pas voir des amants qui s'embrassent et on se réjouira au spectacle des sourires échangés d'une mère et de son enfant ; mais on croisera aussi des piliers de bar et des dealers minables ; on détournera le regard des misérables toxicomanes en quête de leur drogue. Je le dis une fois encore, le plaisir est le noyau dur, comme le disent les comptables de notre présence au monde.

Constant, ce que je vais te dire des plaisirs te rappellera sans trêve que la mort est à l'horizon du vivant. Mais cesseras-tu de manger et de jouir au prétexte que tu n'as plus faim ? L'infini est pour les sots et l'éternité pour les paresseux. Il faut vivre et se laisser aller au rythme des plaisirs.

Le plaisir

– *Tu n'as pas cessé de faire allusion au plaisir et à ce que tu as désigné sous le nom d'hédonisme. Qu'entends-tu par ce mot ?*

– Un plaisir se prend et se donne. Prendre son plaisir traduit le désir du sujet et signifie que le plaisir appartient en propre à celui qui le prend. Certains prennent du plaisir à en donner, d'autres en font du commerce ; il s'achète, il se vole, il s'épuise et vient à manquer. Trop de plaisir, tout comme le manque, nuit à la santé. Il faut savoir gérer son plaisir. Le plaisir est donc un bien : un bien de consommation pour le jouisseur à courte vue ; un souverain bien pour le sage qui recherche le bonheur.

– *Quelle est la différence entre le bonheur et le plaisir ?*

– On distingue le plaisir et le bonheur, auxquels j'ajouterai la joie pour faire bonne mesure. La joie est une émotion, c'est-à-dire une passion qui mobilise la psyché et se traduit par des signes, des manifestations du corps visibles par les autres et souvent contagieuses. Le bonheur est une variante douce de la joie – les disciples du philosophe Épicure le recherchent.

Le plaisir est un *affect*, un sentiment qui se traduit dans le corps par des manifestations organiques, état des viscères et sécrétions diverses : « une chaleur douce qui coule dans les parties et les chatouille agréablement », comme l'écrivait Marin Cureau de La Chambre, médecin et philosophe du XVIIe siècle. Ces phénomènes corporels ne peuvent survenir sans que la psyché en soit informée. Ils suscitent généralement le désir qui affecte l'individu dans son rapport aux autres. Les actes que nous commettons sous l'emprise d'un désir sont subordonnés à l'attente du plaisir ou à la crainte d'un déplaisir.

Pour les philosophes anglo-saxons, le plaisir a une fonction utilitariste : il constitue la « monnaie commune » qui permet les échanges et les compromis entre des désirs divers et parfois contradictoires. La maximisation du plaisir et la minimisation du déplaisir guident le choix des comportements en établissant une échelle de préférence qui tient compte de la somme algébrique de l'un et de l'autre.

Comme son acolyte le désir, le plaisir est une « machinerie insensée » avec ses millions de neurones qui s'excitent mutuellement à coup de *glutamate* libéré par des synapses et inhibé par d'autres avec du *GABA* (un important neurotransmetteur), le tout assaisonné avec des neuropeptides : *endorphines*, *enképhalines*, *cholécystokinine* et *substance P*, ainsi que, au cœur du dispositif, les neurones à *dopamine* (dits *dopaminergiques*) – celle-ci étant proclamée par certains neurobiologistes « neuromédiateur du plaisir ».

Il faut encore que tu saches que le plaisir ne va pas sans la souffrance.

– *Comme l'ombre et la lumière !*

– Cela nous ramène au bien et au mal, qui sont tous deux l'affaire du cerveau. Mais il ne faut pas oublier le rôle du corps qui joue à partie égale avec le cerveau. Notamment dans ce que l'on appelle les *processus opposants*.

La théorie des processus opposants est au cœur du fonctionnement de la psyché et des passions qui l'animent. Elle rend compte notamment de l'*accoutumance* et du *manque*. Face au pouvoir renforçateur du plaisir, le cerveau développe des mécanismes qui tentent de s'opposer à celui-ci. Le processus est le même mais inversé face à la souffrance. Ainsi, le plaisir appelle la souffrance et celle-ci appelle le bien-être. Dans ce « jeu de la corde » où les adversaires tirent chacun de leur côté, un équilibre instable s'établit dans un déploiement de force de plus en plus violent de part et d'autre : c'est la *tolérance*. Mais qu'une des deux équipes cesse brutalement de tirer et les adversaires s'effondrent dans le désordre : c'est le *manque* qui entraîne la souffrance chez le drogué privé de sa drogue.

Un exemple est donné par les marathoniens. Ils offrent parfois le spectacle terrible de pauvres agonisants en perdition sur le bord de la route. Ils n'ont d'autre motif de courir et de se faire si mal que la quête de cette ineffable sensation de bien-être qui suit la souffrance. Le cerveau baigne alors dans ses endomorphines, transporté par ses systèmes opposants dans un véritable nirvana. Il en est de même pour tous les preneurs de risque, comme ceux qui jouent leur vie à qui perd gagne. Le phénomène est aussi observé pour le sexe, pour l'alimentation avec les obèses boulimiques ou les anorexiques mentaux qui rentrent dans ce même cercle infernal. En résumé, ces systèmes qui courent dans la base du cerveau interviennent dans la gestion du plaisir et de la souffrance. Ils soutiennent le désir qui décide le passage à l'action et peuvent conduire à l'addiction. Celui qui y cède devient dépendant du système : il entre dans le cercle infernal des processus opposants qui l'enchaînent au couple plaisir-aversion.

Comment ces systèmes qui associent les trois émotions fondamentales – le désir, le plaisir et l'aversion – interviennent-ils dans la genèse des conduites d'un individu ? Pour faire simple, on peut dire que tout ce qui entre dans le cerveau et tout ce qui en sort doit payer un tribut aux systèmes désirants.

– Mais tu t'es tellement emballé sur le plaisir et le sexe que tu ne m'as pas encore parlé d'un sens essentiel, la vision.

La vision

– La vue est notre sens de référence. Elle obéit à la même organisation de base que les quatre autres sens : des récepteurs périphériques relayés par une chaîne de trois neurones qui se projette sur une aire corticale spécialisée.

Voir est une opération mystérieuse. Les yeux, grâce aux cellules sensorielles de la rétine, recueillent des données physiques sur le monde visible : forme, couleur, mouvement, dispositions spatiales des objets. Cependant, disposer de ces informations ne suffit pas à connaître le monde et encore moins à l'interpréter. Ainsi, la couleur d'un objet n'émane pas de celui-ci mais est déterminée par les longueurs d'ondes de la lumière que renvoie sa surface. Cette *réflectance* varie à chaque instant et cependant « la rose reste rose de l'aube pâle jusqu'au soir ».

La forme apparente d'un objet varie également selon l'angle de vue. Encore faut-il insister sur le rôle des émotions qui viennent baigner l'image. Voir, dit Henri Matisse, c'est déjà une opération créatrice. La création ne se fait pas seulement sur la toile du peintre, mais dans les aires corticales du cerveau dévolues à la vision. Ces aires qui occupent la région occipitale sont disposées de façon concentrique. Grâce aux informations recueillies par la première (appelée V1), le cerveau construit une image cohérente de l'objet. Celles-ci sont distribuées parallèlement en V5 qui apporte la couleur ; les régions V2 et V3 permettent de reconnaître les formes ; une autre, V3a, permet de préparer l'action qui accompagne cette identification. Les représentations que le sujet a du monde ne sont pas préformées mais acquises chez l'enfant dans les premiers mois de sa vie, grâce à l'apprentissage du réel. L'objet qu'il reconnaît en premier est le visage de sa mère. Si on élève un chaton dans le noir, il ne percevra pas les couleurs ; s'il ne peut se mouvoir dans l'espace, il n'appréhendera pas les dimensions géométriques de son environnement.

Chaque neurone du cortex se trouve finalement connecté à des fibres provenant des yeux. La rétine ne se limite pas à une simple couche de cellules réceptrices. Celles-ci contiennent à leur extrémité superficielle un pigment sensible à la lumière, la *rhodopsine*. Les cellules de type *cônes* sont concentrées au centre de la rétine dans la région de la *fovéa* et bénéficient d'une acuité visuelle accrue ; les autres cellules réceptrices (bâtonnets) sont disposées à la périphérie et très sensibles à la lumière. L'information recueillie par la rétine en sort par le truchement des cellules ganglionnaires dont les axones forment le nerf optique. Je t'épargne les détails.

– Oui, c'est déjà bien compliqué ! Comment arrive-t-on finalement à la perception visuelle ?

– La sortie des aires visuelles par la partie postérieure de l'aire occipitale se fait selon deux voies principales, la dorsale et la ventrale. La première se projette sur l'aire pariétale postérieure qui s'associe elle-même avec l'aire préfrontale commandant la motricité, notamment celle des mains. La seconde se projette sur l'aire inféro-temporale et par son intermédiaire établit des connexions avec les aires préfrontales organisant la motricité du langage. Ces deux voies résument la complexité de la vision grâce à la voie supérieure. Voir, c'est faire. D'où l'importance du palper dans la connaissance de l'objet et de la technique dans l'art. L'autre voie permet de donner du sens à l'objet, en rendant intelligible le fouillis des données brutes, et finalement de nommer ce qui est vu.

– Je ne sais pas si je vais arriver à me rappeler tout ça ! D'ailleurs, si tu me parlais de la mémoire ?

Les mémoires

– La mémoire est omniprésente dans le fonctionnement du cerveau. C'est la faculté qui permet à cet organe de conserver des traces de son passé et de s'y référer. Ce sont les souvenirs avec leur cortège de sentiments qui les accompagnent. La mémoire sert à apprendre et à préparer l'action. Véritable fil conducteur de la vie, elle ne va pas non plus sans l'oubli.

Le cerveau est une forme vivante qui change en permanence, d'abord au cours du développement, puis chez l'adulte où il subit des remaniements et des réparations. Certes, sa structure générale est immuable dans ses grandes lignes mais n'est jamais achevée. La richesse des connexions entre les neurones et leurs prolongements, les synapses, varie considérablement en fonction de l'activité des réseaux auxquels ceux-ci participent. De synapse en neurone et de neurone en synapse se produit une amplification des connexions, qui sont mobiles au lieu d'être figées comme dans une machine. Toute cette information qui circule au sein d'ensembles multiples n'a rien d'un grouillement informe et se fait de façon ordonnée et non aléatoire : un désordre porteur de sens.

– Pour apprendre une leçon, je dois la répéter plusieurs fois. C'est la même chose pour connaître par cœur une poésie.

– D'une façon générale, la mémoire consiste en mécanismes d'*acquisition de consolidation* et de rappel qui reposent sur la formation d'ensembles neuronaux (réseaux ou circuits) liés le plus souvent à la répétition et à l'association de stimuli : apprendre, c'est se répéter ; se souvenir, c'est en conserver la trace. Si la mémoire se tient dans le cerveau, celui-ci est aussi l'expression des sentiments et émotions qui viennent du corps et retentissent sur la formation des souvenirs. Une trace subsiste plus ou moins longtemps selon les conditions de la stimulation et finit éventuellement par disparaître. Ses trois propriétés – *fixation*, *rappel* par une nouvelle stimulation et *oubli* – sont celles de tous les systèmes de mémoire.

– Cela ne me dit toujours pas ce qu'est la mémoire.

– Patience ! Après les philosophes faiseurs de théories purement spéculatives, les neurologues ont cherché à percer les mystères de la mémoire grâce à l'inventaire clinique de ses troubles (*amnésies*) en rapprochant ceux-ci des lésions observées dans le cerveau grâce à l'autopsie et, plus récemment, à l'imagerie cérébrale (IRM).

– L'homme a-t-il comme l'animal une mémoire qu'il possède à sa naissance et qui est celle de son espèce ?

– Bien sûr, mais il est dans une situation inversée. Le répertoire de l'animal est pratiquement complet à la naissance ; l'humain doit, comme le dit Emmanuel Kant, naître une deuxième fois, grâce à l'apprentissage indispensable qui lui permet à des périodes déterminées (périodes critiques) d'apprendre à parler, à voir et à entendre. C'est avec l'expérience acquise au début de sa vie extra-utérine et déjà dans la période prénatale, sous l'influence du maternage et des « autres », que l'éducation devient le facteur dominant de l'apprentissage. À l'opposé de la mémoire d'espèce qui est collective, la mémoire humaine est individuelle. C'est le langage, une capacité singulière de l'homme, qui devient le moteur principal des apprentissages.

– *On parle de* la *mémoire au singulier. N'est-ce pas une erreur ?*

– Ta remarque est juste. Il n'y a pas *une* mais *des* mémoires qui sont compartimentées en fonction de leur contenu et de leur durée : d'abord une *mémoire permanente*, elle-même classée en fonction de son contenu. On distingue un compartiment accessible de manière consciente, susceptible d'être rapporté et décrit par le langage – on parle de *mémoire déclarative*. À l'opposé, la mémoire permanente possède aussi d'autres contenus qui ne sont accessibles que de manière automatique et non consciente. Ce sont les *mémoires procédurales*, qui permettent d'effectuer des comportements acquis par apprentissage, comme faire du vélo, marcher, conduire, etc. Il existe aussi plusieurs formes de mémoires déclaratives : la *mémoire sémantique*, véritable dictionnaire portable qui contient le sens des *mots* et des *choses*, et la *mémoire épisodique*, qui contient ce qu'on appelle des souvenirs d'autant plus gravés dans la mémoire qu'ils se sont accompagnés d'émotions mémorables, comme la destruction des Twin Towers ou ton premier baiser. Il y a aussi des mémoires plus spécifiques, comme la *mémoire* dite *de place*, qui se rapporte à l'environnement et au plan des lieux recherchés consciemment : la mémoire des explorateurs ou des chauffeurs de taxi. Il existe enfin une *mémoire* dite *de travail* ou mémoire transitoire, qui permet de gérer à court terme la cohérence des actes et leur organisation aussi bien dans l'immédiat qu'à plus long terme. Une mémoire qui s'efface au fur et à mesure du déroulement de la tâche projetée. Cette mémoire se caractérise par une durée limitée.

– *Mais, ces souvenirs, comment est-ce qu'on y accède ?*

– Le phénomène de *rappel* permet de récupérer les informations stockées dans les mémoires permanentes. Le rappel est une modalité active et volontaire nécessitant parfois des efforts importants. La *reconnaissance* est un mécanisme le plus souvent passif. L'évocation d'un seul mot peut activer l'ensemble du champ auquel il appartient ou faciliter la reconnaissance et le rappel. Au total, les mémoires permanentes procèdent généralement par associations, celles-ci constituant le mécanisme maître des processus mnésiques.

Les amnésies

– *J'entends souvent les gens se plaindre de pertes de mémoire. Cela veut-il dire qu'oublier le nom de quelqu'un est un signe d'amnésie ?*

– Non ! En général, ce trouble est bénin, parfois lié à l'âge. Daniel Schacter, un des plus éminents spécialistes de la mémoire, décrit ce qu'il appelle les sept péchés capitaux. Ce sont la *fugacité*, l'*absence*, le *blocage*, la *méprise*, la *suggestibilité*, le *biais* et la *persistance.* Les trois premiers sont des péchés par *omission* ou oubli d'un souvenir dont on voudrait se souvenir ; les quatre derniers sont des péchés par *commission.* La mémoire est conservée, mais elle est incorrecte ou incontrôlée. Plus graves sont les amnésies, véritables maladies dues à des lésions de certaines régions du cerveau où l'hippocampe tient le rôle de vedette. Certains patients sont désignés par leurs initiales. Comme HM, mondialement célèbre, dont la mémoire ne permet plus – à la suite d'une intervention chirurgicale sur le lobe temporal médian – de fixer les souvenirs, faisant de lui un homme sans passé atteint d'une *amnésie antérograde.* Un autre déficit est caractérisé par l'oubli des faits anciens. Cette amnésie *rétrograde* est graduelle, atteignant progressivement le passé le plus lointain jusqu'à la perte totale de l'identité du sujet.

– *Tu oublies de me parler de l'oubli.*

– Il joue, en effet, un rôle essentiel dans la mémoire. Les mécanismes neuronaux de la mémoire et de l'oubli sont encore très mal connus, même s'ils se réduisent à des phénomènes synaptiques dont la description recourt à l'électricité.

Voici quelques expériences récentes qui permettent de faire un peu de lumière dans cette boîte noire qu'est le cerveau. Elles reposent justement sur l'idée d'introduire de la lumière dans le cerveau grâce à des fibres optiques qui permettent d'activer spécifiquement certains neurones en les exposant à une source lumineuse. Pour ce faire, il a fallu rendre les neurones cibles photosensibles grâce à une modification génétique. La majorité des données concerne l'hippocampe, une région du cerveau impliquée dans la mémoire associative. De multiples expériences chez la souris ont permis de comprendre comment les souvenirs, chez ce rongeur intelligent, sont inscrits dans des traces permanentes et peuvent être rappelés ou effacés. L'équipe du professeur Susumu Tonegawa, au MIT, a placé des souris génétiquement modifiées dans une cage ne présentant aucun danger, dont la nouveauté, associée à une activation lumineuse répétée, a provoqué chez les rongeurs un souvenir agréable. Les mêmes souris ont ensuite été conduites dans une boîte au plancher électrifié, où, en même temps qu'elles recevaient un petit choc électrique, elles étaient encore une fois exposées au faisceau lumineux, réactivant ainsi les souvenirs agréables de la veille. Enfin, replacées dans la première cage, sans danger, et soumises au même signal lumineux, les souris ont montré une réaction de frayeur. Comme si leurs cellules se souvenaient d'avoir reçu dans cette boîte un choc électrique : un faux souvenir, artificiellement créé, qui a persisté des mois ! D'autres expériences ont porté sur l'inhibition ou l'effacement des souvenirs. Rien n'empêche de penser que ces données puissent être transférables à l'homme et pourraient bénéficier au traitement de troubles mentaux et neurologiques (épilepsie et psychoses, par exemple). Mais la boîte des souvenirs n'est-elle pas une boîte de Pandore ? L'hippocampe évoque d'ailleurs les boîtes noires des avions. Ces données, conscientes ou inconscientes au moment de leur acquisition, forment la biographie de ce parcours au long cours qu'est une vie animale ou humaine. La question qui reste en suspens est : jusqu'où pourra-t-on manipuler les souvenirs en intervenant sur le cerveau d'un individu, que ce soit pour soulager son malaise psychique ou faire de lui un terroriste ?

– Au début de notre conversation, tu as plusieurs fois prononcé le mot « esprit ». Pourquoi a-t-il disparu ensuite ?

Esprit, es-tu là ?

– Qu'est-ce que la conscience et qu'en est-il de l'esprit ? Comment le cerveau gouverne-t-il nos actions et nos représentations du monde ? Il est l'ordonnateur de ce que l'on appelait autrefois les *facultés* devenues aujourd'hui le domaine des *sciences cognitives*. Celles-ci proposent une naturalisation de l'esprit, c'est-à-dire le projet d'arracher ce dernier à la métaphysique pour le rendre à la nature.

Dans les *Rêveries d'un promeneur solitaire*, Jean-Jacques Rousseau écrit ceci : « Je ne puis méditer qu'en marchant ; sitôt que je m'arrête, je ne pense plus car ma tête ne va qu'avec mes pieds. » Ce qui permet à ses ennemis de le dire « bête comme ses pieds ».

– *Les pieds servent aussi à tenir debout, grâce au travail des muscles du corps qui sont aussi commandés par le cerveau, je suppose ?*

– Ces muscles sont innervés par des nerfs moteurs et des nerfs sensitifs qui forment des arcs réflexes, autrement dit des liaisons synaptiques entre terminaisons neuronales, et participent à des réseaux de neurones à chaque étage vertébral, tout en s'articulant avec les différentes voies ascendantes et descendantes qui vont et viennent vers des aires corticales sensorielles et motrices. La marche favorise la pensée parce qu'elle entraîne, par le jeu de son activité rythmique, le moteur de la réflexion comme une bielle de locomotive sous la pression du désir.

– *Tu t'emballes, Pépé : attention, tu vas finir par dérailler. Ta pensée me paraît bien mécanique. Que fais-tu de la conscience ?*

– En effet, la marche est le plus souvent une activité inconsciente qui ne devient consciente qu'au moment, par exemple, de choisir un chemin. Le fait qu'une activité ne soit pas consciente ne signifie pas qu'elle est automatique. La conscience n'apparaît que par intermittence ; elle est au sens propre du terme une apparition, donc une apparence. De là à dire que la conscience est une illusion, il n'y a qu'un pas et certains n'hésitent pas à le franchir. La marche est automatique, mais tout se passe comme si elle libérait la pensée et permettait à celle-ci de suivre son chemin en s'alignant sur celui de la marche. On a récemment montré que, dans l'accomplissement d'une tâche, certaines régions du cerveau s'activaient plusieurs centaines de fractions de seconde avant que la conscience intervienne. Il semble donc que ce ne soit pas en raisonnant que nous prenons des décisions, mais que nous nous contentions de répondre à des indices issus de notre environnement dans le flux continu de notre activité cérébrale, et cela de façon automatique.

– *Je suis prêt à accepter que marcher fasse du bien à nos neurones, mais je ne sais toujours pas ce que penser veut dire.*

– Laisse-moi te raconter une histoire vécue par ton arrière-grand-père. Je la tiens de mon père. Au cours d'un séjour au Maroc pendant la guerre de 14-18, l'aïeul avait fait l'acquisition d'un perroquet. Le marchand lui avait garanti que l'animal parlait. Après quelques semaines, l'animal n'avait toujours pas prononcé un seul mot malgré les efforts de mon grand-père pour lier conversation. Il s'était donc résigné à rendre l'oiseau au vendeur en accusant celui-ci de l'avoir trompé. L'homme indigné eut alors ces mots admirables : « Il ne parle pas, mais il pense ! » Mon grand-père ne trouva rien à rétorquer et repartit avec le perroquet qu'il ramena en France. L'oiseau mourut neurasthénique une dizaine d'années plus tard, sans avoir jamais prononcé une parole. Mon grand-père le suivit peu de temps après. La pensée silencieuse de son compagnon favori le délassait, disait-il, du bavardage incessant de sa femme, dont il prétendait qu'elle n'avait jamais eu une seule pensée de sa vie. Par ces propos indignes, mon aïeul signifiait sûrement qu'il n'est pas nécessaire de parler pour penser et que les paroles ne traduisent pas toujours des pensées chez celui ou celle qui les prononce. « Ce dont on ne peut parler, il faut le taire ! » Ma grand-mère n'avait pas lu Ludwig Wittgenstein, un grand penseur du XXe siècle, auteur de cet aphorisme. Elle parlait, parlait et n'avait pas grand-chose à dire. Elle exprimait simplement son besoin de l'autre, de son écoute, de son regard. Pas plus les paroles que les réponses ne l'intéressaient en dehors de la compassion qu'elle attendait d'autrui. Le même Wittgenstein affirme que, si les lions pouvaient parler, nous ne les comprendrions pas. Je crois plutôt que si les lions étaient doués de parole, nous les comprendrions, mais ils n'auraient pas grand-chose à nous raconter. Ils ne sauraient dire s'ils sont contents de leur sort et de leur condition de lion, ils ne sauraient exprimer leurs « états d'âme ».

– J'ai connu mon arrière-grand-mère et je ne crois pas qu'elle était aussi sotte que le raconte l'histoire. D'ailleurs, cette histoire ne m'apprend pas vraiment ce qu'est la pensée et, surtout, elle ne me dit pas que c'est, comme la conscience, une illusion.

Le langage

– Je ne souhaite pas t'entraîner dans une discussion philosophique. En revanche, je crois utile de préciser que pensée et activité mentale peuvent être disjointes de la conscience qui n'intervient qu'à certains moments. C'est ici qu'intervient le langage qui accroche des mots à notre conscience comme si le moi s'adressait à lui-même.

– *C'est penser tout seul !*

– Oui, une sorte de langage intérieur ou *pensée verbale*. Elle fonctionne en alignant des symboles selon une suite de propositions logiques. Cela se passe dans des zones situées le plus souvent dans l'hémisphère gauche – comme tu peux le voir sur la *figure 5* – et nous ramène à ce que je t'ai déjà raconté à propos des localisations cérébrales. Des malades présentant une lésion localisée dans la partie frontale basse de l'hémisphère gauche dite aire de Broca deviennent incapables d'exprimer leur pensée par des mots. On qualifie cet état pathologique d'« aphasie d'*expression* ». Certains de ces malades, les plus atteints, ont un vocabulaire réduit à quelques mots ou même seulement à quelques syllabes qu'ils utilisent en réponse aux questions qui leur sont posées. Tout laisse à penser par ailleurs qu'ils comprennent le sens des questions (s'il s'agit de phrases simples posées avec des mots courants), mais que le traitement nécessaire à l'assemblage des syllabes en mots et des mots en phrases leur fait défaut. Une autre forme d'aphasie (dite de *compréhension*) est produite par une lésion située, elle, dans la partie supérieure du lobe temporal gauche. La région concernée est appelée « aire de Wernicke » du nom du neurologue allemand Carl Wernicke. Les patients qui en sont atteints ont une grande difficulté à comprendre les sons du langage et ne peuvent répondre aux questions qui leur sont posées. En revanche, leur parole est fluide, abondante, souvent marquée par des erreurs (inversion de lettres ou syllabes) qui peuvent aller jusqu'à constituer une espèce de jargon incompréhensible. Ces tableaux d'aphasie portant sur le langage oral sont d'autant plus frappants que le langage écrit (lecture et écriture) est souvent préservé. Sache, enfin, que des lésions situées du côté droit dans des régions homologues du cortex ne produisent en général pas de troubles du langage. Plus tard fut découverte l'existence d'un faisceau de fibres (faisceau arqué) reliant les deux pôles dont la lésion entraînait une troisième forme d'aphasie, dite de *conduction*, dans laquelle le patient peut émettre et comprendre des mots mais est incapable de les mettre en relation.

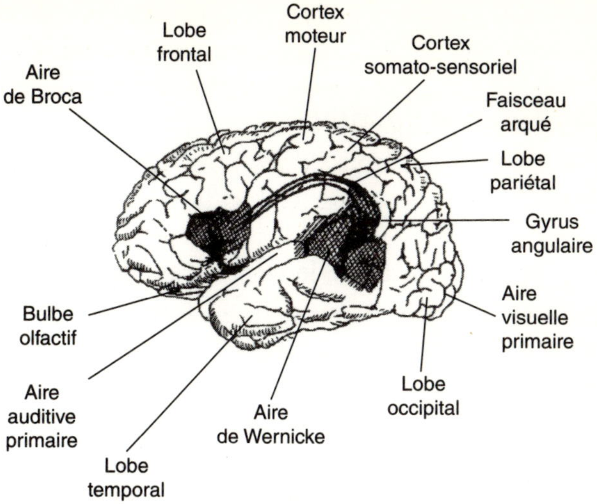

Figure 5. Les grandes aires du langage

– Je reviens sur la question de l'esprit. J'ai toujours du mal à comprendre comment on peut passer du fonctionnement complexe du cerveau à l'esprit – de quelque chose de matériel à quelque chose d'immatériel.

La pensée et l'action

– Je dois te dire que je ne suis pas rassuré avant de m'enfoncer avec toi dans la forêt obscure de la métaphysique, *la selva oscura* de Dante ! Je ne suis pas licencié de philosophie pour rien et crains de tomber dans une simplification affligeante.

Il faut que tu saches d'abord que le langage n'est pas le véhicule exclusif de la pensée. Les aphasiques ne présentent pas de trouble global de la pensée. Seule leur pensée verbale est atteinte, tandis que leur pensée logique ou leur pensée spatiale est intacte. Doit-on dénier l'exercice de la pensée à des enfants au stade prélinguistique, voire aux animaux comme le perroquet de ton arrière-grand-père ? Entre le contenu de l'esprit et l'intérieur du cerveau, ou encore entre les phénomènes mentaux et les structures physico-chimiques qui les réalisent, il me semble qu'il n'y a rien ; en tout cas, pas d'entité immatérielle porteuse. La question fondamentale est : comment se crée le vécu subjectif conscient (les *qualia)* à partir de l'activité d'un réseau neuronal ?

– Donc, tu ne crois pas aux fantômes.

– Peut-on parler d'*états mentaux ?* Représentations pures de la réalité, porteuses de sens et en même temps d'*états cérébraux*. Ces derniers fourniraient les machineries neuronales utilisées par les premiers pour produire des comportements. Les états mentaux sont pure apparence. N'est-ce pas la réalité seule qui compte, c'est-à-dire les états cérébraux ?

Les images mentales

– Ce sont des *images mentales* qui viennent à ton esprit, et souvent de ta mémoire. Une image est d'abord une représentation du réel, ce que le sujet voit, il doit le construire dans sa tête et c'est vraisemblablement lui qui, consciemment ou non, dirige son attention sur ce qui est à voir. Il existe probablement au moins deux systèmes attentionnels différents. Le premier, dit *postérieur*, comprenant le cortex pariétal postérieur, est dévolu à l'exploration et à la détection de la cible, à la façon d'un projecteur qui fouille l'espace à la recherche d'un objet ou d'un lieu. Le second système, dit *antérieur*, situé sur la face interne des hémisphères et étroitement connecté à l'aire antérieure du langage, est alloué à l'identification de la cible.

Je vais prendre un exemple tiré de l'excursion que nous avons faite l'année dernière. Depuis la fenêtre de ma chambre, j'observe la chaîne des Pyrénées ; je cherche à identifier le Vignemale, le plus haut sommet de la chaîne sur le territoire français. Le voici qui se détache par sa taille et son double sommet couvert de neige, entouré de pics de moindre altitude. L'image mentale est inscrite dans mon cerveau. Lorsque j'évoque cette vue, une observation en IRM montrerait les mêmes régions cérébrales activées dans mon cerveau que lorsque je voyais réellement la scène. Je retrouverai le Vignemale tel que je l'ai observé ; en revanche, il me serait impossible de reconnaître tous les sommets qui l'entourent. Le travail actif que j'aurais pu faire sur l'image réelle n'est plus possible sur l'image mentale.

Autre expérience facile à faire. Demande-toi quel est le nombre d'étoiles sur le drapeau américain ; une image mentale du drapeau se formera immédiatement, mais tu es incapable de répondre à la question. L'image mentale utilise donc les structures anatomiques de la perception du réel, mais la représentation du réel est devenue fragile et, en fonction de la solidité de l'acquisition du souvenir, obligation est faite à ces images fixes ou en mouvement d'emprunter le système visuel. Le même phénomène se produit au cours du rêve, dans lequel le système visuel est activé comme si le sujet vivait effectivement la scène onirique dont il est à la fois le spectateur et l'acteur. On observe chez certains malades mentaux des images détachées de toute réalité. Ces patients dénient l'origine interne de leurs perceptions qu'ils attribuent à la réalité. Ces « hallucinations » ne sont pas seulement visuelles mais aussi souvent auditives, sous forme de voix. Ce ne sont pas des menaces venues de leur imagination mais des voix étrangères qu'ils attribuent au diable ou à des espions. Il s'agit d'un état psychotique, le plus souvent une schizophrénie ou une psychose hallucinatoire chronique.

– *Si je te suis, la pensée travaille sur des images qui sont comme des photos, représentations plates d'une réalité qui est en relief. Mais, quand je pense à un objet, un paysage ou une personne, mes images mentales – c'est comme ça que tu les appelles – se comportent comme des objets qu'on peut manipuler dans l'espace.*

– Bien vu, si je peux dire ! De nombreuses expériences démontrent que l'espace mental dans lequel se manifeste l'objet est réalisé par des activités physico-chimiques (potentiels d'action, libération de neurotransmetteurs) qui correspondent à des états cérébraux. C'est ce que démontre l'expérience classique de la rotation mentale. Imagine une forme en trois dimensions. À côté d'elle se trouve une forme semblable mais présentée sous un angle différent. On demande au sujet de les comparer et de répondre à la question : « Ces deux formes sont-elles identiques ou différentes ? » Le temps mis pour donner la réponse varie en fonction de l'angle qui sépare les deux présentations : plus l'angle est important, plus la réponse est tardive. L'explication proposée pour ce phénomène est que le sujet doit effectuer mentalement une rotation de la seconde forme jusqu'à ce qu'elle ait la même orientation que la première et que la comparaison entre les deux devienne possible. Tout se passe comme s'il s'agissait du déplacement manuel d'un objet réel : une opération qui prend un certain temps puisqu'elle doit respecter la configuration et la rigidité de l'objet. Sur la *figure 6*, tu peux voir un objet qui permet de tester les capacités d'imagerie mentale.

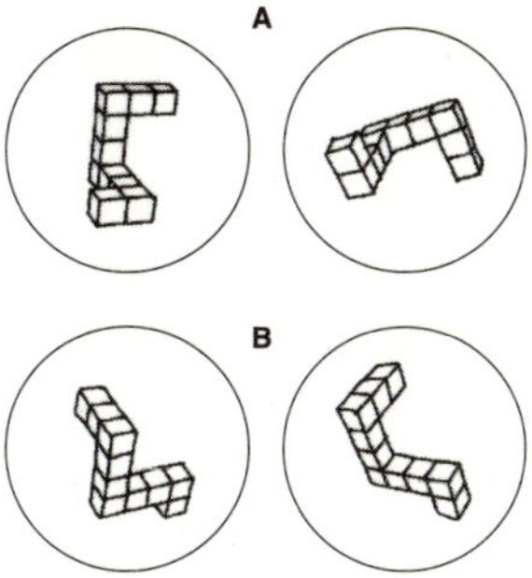

Figure 6. Objets tridimensionnels virtuels utilisés pour tester les capacités d'imagerie mentale

L'observation de patients porteurs de lésions du cerveau permet de comprendre le phénomène de l'imagerie mentale. Certains patients, en général porteurs d'une lésion de l'hémisphère droit (dans la région du lobe pariétal), éprouvent des difficultés à diriger leur attention vers ce qui se trouve dans la moitié gauche de leur espace visuel. Cette condition pathologique, que l'on désigne sous le nom de *négligence spatiale unilatérale*, ne constitue pas un déficit de la vision. Ces patients continuent de voir les objets situés à gauche mais n'y font plus attention. Si on demande au sujet de dessiner une fleur, il oublie la partie gauche. Une expérience célèbre a porté sur un patient qui, s'imaginant face à la cathédrale de Milan, ne pouvait se représenter que la moitié droite de la place. Cela ne signifie pas pour autant que le patient avait oublié la moitié gauche : si, en effet, on lui demandait de se représenter la même place en tournant le dos à la cathédrale, il ne voyait cette fois que la moitié maintenant placée à sa droite, c'est-à-dire celle qui était auparavant à gauche et qu'il semblait ignorer. Ce résultat montre bien que les images mentales sont conditionnées par le fonctionnement de certaines régions du cerveau ; ces images ne sont pas des représentations abstraites de la réalité, ce sont des objets dont la forme et l'étendue sont déterminées par la région cérébrale activée lors de leur formation. Dans le cas pathologique qui nous occupe ici, l'image de l'espace est amputée de sa moitié gauche par la lésion et cette amputation se manifeste par une perte de la représentation du côté gauche de l'espace pour le sujet. Une autre lésion, située entre le lobe occipital et le lobe temporal, met le patient dans l'impossibilité de reconnaître les objets à l'aide de la vue, bien qu'il puisse se les représenter mentalement. C'est une *agnosie visuelle*. Les lésions qui provoquent des troubles de la pensée spatiale sont localisées de préférence dans l'hémisphère droit. La désorientation dans le temps et dans l'espace, l'impossibilité de déchiffrer une carte ou un plan, la difficulté à déterminer la position d'un objet par rapport à un autre, sont des problèmes couramment rencontrés par les patients présentant ce type de lésion.

Toutes ces observations confirment la coexistence de deux modes de pensée, le *langagier* et l'*imagé*.

Cela veut dire que la pensée n'est pas réservée au langage, comme le montrent bien des expériences chez le jeune enfant qui ne parle pas encore ou chez le singe. Si l'on met un singe devant un écran d'ordinateur avec une tâche à accomplir pour obtenir une réponse, on sera surpris de ses capacités cognitives et de ses aptitudes à manier l'abstraction. On verra notamment sa maîtrise de la mémoire de travail qui mobilise son cortex frontal pour planifier son action tout en pensant à la récompense qu'il obtiendra si la séquence de gestes proposée a été reproduite.

Le cerveau bicaméral

– *On dit qu'il y a deux cerveaux, correspondant aux deux hémisphères, le gauche et le droit. Sont-ils vraiment séparés ?*

– Non ! Ils sont reliés par le *corps calleux*, qui est comme un pont entre les deux. Je t'ai déjà montré que les lésions situées dans l'hémisphère droit ne produisaient pas de troubles des facultés mentales identiques à celles occupant les régions de l'hémisphère gauche. Les fonctions des deux hémisphères cérébraux ont été éclairées par des observations réalisées au début des années 1960 chez un groupe de sujets qui avaient subi une section chirurgicale du corps calleux et donc des fibres d'association qui relient les deux hémisphères. Les neurochirurgiens avaient préconisé cette opération pour des cas d'épilepsie rebelles aux autres formes de traitement : le fait, pensaient-ils, de déconnecter l'un de l'autre les deux hémisphères cérébraux devait empêcher la diffusion des décharges épileptiques à l'ensemble du cerveau et diminuer la gravité des crises. Cette opération, outre ses effets bénéfiques sur l'état des patients, avait réalisé une situation inédite : il devenait possible d'observer l'activité d'un seul hémisphère à la fois, chose inenvisageable chez un sujet normal, où une information parvenue dans un hémisphère se diffuse de l'autre côté en quelques millisecondes. Quand le corps calleux est sectionné, l'organisation anatomique des voies nerveuses d'entrée dans un hémisphère et de sortie vers les organes effecteurs permet de présenter un stimulus à un seul hémisphère et d'enregistrer sa réponse : les stimulations présentées dans la partie latérale du champ visuel gagnent le cortex visuel de l'hémisphère du côté opposé, tandis que le cortex moteur de cet hémisphère contrôle les mouvements des doigts du côté opposé.

Les malades à cerveau dédoublé ont ainsi fourni une moisson abondante de données montrant que les deux hémisphères ne remplissent pas les mêmes fonctions, même si, à l'état normal, compte tenu de l'abondance des liaisons qui les unissent, ils collaborent l'un avec l'autre et travaillent très rarement de façon isolée. Ces travaux ont d'abord confirmé la suprématie de l'hémisphère gauche pour ce qui concerne le langage ; ils ont aussi mis en évidence le rôle de l'hémisphère droit, longtemps considéré comme silencieux, dans la représentation de l'espace et l'organisation des actions dans cet espace virtuel ; un rôle également dans l'expression des émotions et dans la prosodie du langage. Dans la discussion entre les deux hémisphères, c'est le gauche qui parle et calcule, utilisant le mode symbolique pour le traitement séquentiel de l'information et exerçant une sorte de domination sur un hémisphère droit synthétique et intuitif, poétique et spatial, représentant en somme l'esprit dans sa pureté désincarnée. Mais il y a beaucoup de discours trop simplistes sur cette répartition des tâches.

– *Peux-tu m'en dire plus sur le rôle du cortex frontal, qui semble se mêler de toutes les facultés qui constituent l'être humain ?*

Le cortex frontal

– C'est la taille du cortex frontal humain – plus d'un tiers de la masse corticale – qui fait de ce singe un homme. Cependant, si l'on s'en tient aux apparences, il ne semble servir qu'à peu de chose, sinon à faire qu'un humain soit un homme accompli, soucieux de ses devoirs et de ses tâches. L'exemple célèbre de Phineas Cage est là pour nous instruire. C'est l'histoire d'un contremaître travaillant à la construction des chemins de fer aux États-Unis : un ouvrier modèle respecté des ouvriers et des patrons. Une explosion lui expédia une barre à mine au travers du front, détruisant la majeure partie de ses lobes frontaux. Au sortir de son coma, il se réveilla *un autre homme*. Non qu'il ait souffert d'une quelconque infirmité ou que son intelligence et son langage s'en trouvent affectés, mais son caractère devint différent : ivrogne, paresseux, instable, blagueur, exhibitionniste (il montrait sa barre à mine dans les cafés avant de faire la quête), incapable d'organiser son travail, irrespectueux enfin de la hiérarchie sociale. Il a achevé sa vie misérablement.

Les neurologues savent aujourd'hui que le cortex frontal, loin d'être une masse indifférenciée, présente des aires multiples répondant chacune à des fonctions précises dans le domaine regroupant tout ce qui touche à l'intelligence et à la pensée abstraite : mémoire à court terme, valeur affective, nouveauté, planification, prise de décision, inhibition de l'action. Pour employer une métaphore simpliste, je dirai que le cortex frontal est à la fois *commissaire-priseur* et *commissaire de police* de nos actes.

– *Peux-tu me donner quelques exemples ?*

– Je choisirai les cas de différents sujets présentant des lésions du cortex préfrontal, plus ou moins étendues selon les parcelles atteintes et le (ou les) hémisphère(s) concerné(s). L'un est incapable de faire des achats dans un ordre rationnel car il en oublie les étapes. Un autre est incapable de prendre une décision et de faire un choix. Il existe des tests pour éprouver la mémoire de travail, c'est-à-dire la conservation d'un modèle mental qui permette la réalisation des étapes intermédiaires nécessaires pour atteindre un but. La neuro-imagerie apporte une contribution essentielle ; elle permet de délimiter les réseaux neuronaux qui s'activent dans les tâches cognitives mettant en jeu la mémoire de travail ou le raisonnement. En ce qui concerne le raisonnement, on observe que le réseau est différent selon la logique que suit le sujet pour résoudre le problème posé, qu'il s'agisse par exemple d'un jugement de relation entre deux propositions ou d'un syllogisme.

Le cortex frontal intervient également de façon majeure dans la coloration affective d'un acte. Au cours des années 1930 à 1950, des neurochirurgiens ont eu la mauvaise idée d'intervenir sur la partie préfrontale (la plus antérieure) du cortex, en pratiquant des lobotomies (ablation de la substance blanche) chez des malades jugés incurables, atteints de troubles hétéroclites allant de la schizophrénie aux psychoses dépressives et aux troubles obsessionnels. À ces méthodes aussi barbares qu'infondées a heureusement succédé une meilleure localisation des lésions que l'on peut limiter et contrôler fonctionnellement.

– *J'ai vu un film qui en parle,* Vol au-dessus d'un nid de coucou : *il m'a terrifié.*

– Heureusement que la situation a changé grâce aux nouvelles méthodes de stimulations électriques de zones déterminées du cerveau, à la stimulation électromagnétique profonde, aux lésions anatomiques ménagées et aux nouveaux médicaments. Le champ des possibles s'est largement ouvert en psychiatrie, sans toutefois que les polémiques se soient éteintes.

– *Tu m'as dit un jour que ce qui comptait, c'était le cerveau de l'autre.*

– Tu viens de mettre le doigt sur un trait essentiel de l'animal humain : l'homme ne peut se passer de l'homme. Il habite le cœur de l'autre et l'autre habite son cœur. Cette facilité de s'accueillir réciproquement n'appartient qu'au genre humain. En fait, ce n'est pas du cœur qu'il s'agit, mais du cerveau. Dans cet organe s'exprime ce besoin passionné de l'autre aussi indispensable à la vie de l'individu que l'oxygène pour les êtres vivants. Entre les humains, la compassion – je préfère ce terme à celui d'empathie – préside aux rendez-vous avec la vie. Compatir, c'est souffrir de la souffrance d'autrui ou jouir de son plaisir, autrement dit éprouver en soi les passions de l'autre. Une fonction qui exige la présence *effective* et *affective* de l'autre en moi.

– *Mais les animaux ne peuvent-ils pas eux aussi éprouver de la compassion ?*

– Tu as raison. La compassion existe aussi chez les singes, les mammifères, les oiseaux, mais elle reste anecdotique. Et chez l'humain, elle laisse parfois la place à la contre-passion, c'est-à-dire à la haine. L'homme est le plus individualisé des animaux – aucun ne ressemble totalement à l'autre – mais il est aussi le plus social.

– *Alors, qu'est-ce qui caractérise le cerveau social humain ?*

– En tout premier lieu, je placerai l'imitation. L'origine sociale n'a qu'une faible influence face à la pression exercée par la *contagion imitative*. Le mimétisme s'affiche souvent comme une liberté qui n'est en fait qu'une soumission au voisin (la mode, les manifs, les émeutes). Il y a une sorte de paradoxe à ce que l'individuation, trait affirmé de l'espèce humaine, s'accompagne d'une imitation généraliste qui unifie le groupe en le dynamisant et en lui imposant la production incessante de similitudes garantes de sa perpétuation. Chaque sujet constitue un modèle pour l'autre dans une réciprocité et une diffusion qui ne s'arrêtent que là où cesse la proximité avec l'autre. De là, cette définition du groupe social : une collection d'êtres en tant qu'ils sont en train de s'imiter entre eux ou en tant que, sans s'imiter effectivement, ils se ressemblent et que leurs traits communs sont des copies anciennes d'un même modèle.

– Ça me fait penser aux millions de Charlie dans la rue en janvier 2015.

– L'imitation est au départ de l'ordre du biologique. La preuve en est qu'il existe une imitation authentique chez les oiseaux et les primates, notamment chez les singes humanoïdes. Cependant, que ce soit dans le domaine de l'identification ou dans celui de l'imitation, un pas quantitatif considérable sépare les primates humains des primates non humains. Le psychologue américain Michael Tomasello pense que ce qui manque à ces derniers est la capacité de s'identifier à leurs congénères. Cette capacité passerait par celle de l'imitation réciproque. Un bon exemple de ce qui sépare le jeune enfant du chimpanzé a été donné par l'expérience des époux Kellogg qui tentèrent d'élever leur enfant Donald en même temps qu'un bébé chimpanzé appelé Gua. En bons théoriciens de l'apprentissage social, ils espéraient que l'exposition à un nouvel environnement naturel révélerait des capacités inemployées du chimpanzé. Hélas, les résultats furent non seulement décevants mais dangereux : au bout de quelques mois, Gua avait fait peu de progrès dans l'imitation de Donald ; ce dernier se comportait en revanche comme un parfait petit chimpanzé.

– *Toi qui es champion des grimaces devant la glace, tu devrais me parler des fameux « neurones miroirs ».*

– J'y viens. Pour devenir une personne, le jeune enfant suit un véritable parcours initiatique : passage de l'imitation de l'autre à l'imitation de soi puis à la conscience de soi. Pour résumer simplement : le jeune enfant de moins de 12 mois confronté à un miroir voit un autre enfant dans son reflet et contourne le miroir pour y chercher ce qu'il a vu s'y refléter, sa mère et lui-même comme un autre. Après une période de crise, vers 2 ans, tous les enfants portent enfin la main à la tache que l'on a faite sur leur visage. Puis l'enfant commence à employer le pronom personnel « je ». Seul un chimpanzé a réussi l'épreuve de la tache.

L'invention de Giacomo Rizzolatti illustre le lien dont je t'ai parlé entre la représentation et l'action sous forme de *représentactions*. Il a étudié chez le singe l'activité de neurones isolés, grâce à une microélectrode implantée dans une région du *cortex prémoteur* codant pour la programmation de mouvements de la main (prendre un morceau de nourriture entre le pouce et l'index) ou des lèvres. Ce qui est spectaculaire, c'est que ce même neurone sera également actif lorsque le singe est spectateur du même mouvement exécuté cette fois par l'expérimentateur. En d'autres termes, ces neurones qu'on a appelés pour cette raison des *neurones miroirs* sont à la fois des neurones moteurs (ils envoient des commandes d'exécution) et des neurones perceptifs (ils analysent de l'information visuelle).

Une autre série d'expériences, menées par Jean Decety et ses collègues, utilise la neuro-imagerie qui a permis de localiser plusieurs zones d'activation en réponse à une action exécutée par un acteur. On touche ici à l'explication de la façon dont les hommes se comprennent les uns les autres. C'est la *théorie de la simulation*. Nous parvenons à savoir ce que pensent les autres parce que nous sommes capables de simuler à l'intérieur de nous-mêmes leurs états mentaux et de nous mettre à leur place : en somme, je te comprends parce que je fais semblant d'être toi et parce que j'utilise les mêmes systèmes neuronaux pour te connaître. Ce faisant, il reste bien des problèmes à résoudre. Comment savoir que c'est l'autre qui agit et non moi ? C'est le problème de l'*agentivité*, résolu par des signaux provenant de mon propre corps.

– Arrêtons-nous là, s'il te plaît. Il reste tant de choses à comprendre et à dire sur le cerveau et cette matière – qu'elle soit grise ou blanche...

– Je te trouve bien sérieux, Constant – à moins que tu ne sois seulement paresseux. Il ne me reste qu'à souhaiter que les bribes de savoir que j'ai pu te communiquer te donnent l'envie irrépressible d'ouvrir la boîte noire qui nous nargue, enfouie dans le litre et demi d'un crâne humain.

Table

L'objet le plus complexe de l'univers 9
Les anciennes représentations du cerveau 12
Le cerveau marche à l'électricité 17
Le triomphe des localisationnistes 27
La théorie neuronale 31
Les populations de neurones et l'établissement des cartes du cerveau.................. 33
Le cerveau végétatif........................ 36
La température 39
Le sommeil.................................. 41
Les comportements de base................... 51
Le plaisir................................... 69
La vision................................... 73
Les mémoires 76
Les amnésies................................ 80
Esprit, es-tu là ? 83
Le langage 87
La pensée et l'action 90
Les images mentales 92
Le cerveau bicaméral........................ 98
Le cortex frontal........................... 101

Du même auteur

Casanova : la contagion du plaisir
Divertissement
Odile Jacob, 1990
et poche, 2011

Celui qui parlait presque
Odile Jacob, 1993

Biologie des passions
Odile Jacob, 1994
Poche, 2002
et « Bibliothèque », 2009

La Chair et le Diable
Odile Jacob, 1996
et « Bibliothèque », 2010

La vie est une fable
Odile Jacob, 1998

Pour une nouvelle physiologie du goût
(en collaboration avec Jean-Marie Amat)
Odile Jacob, 2000

Qu'est-ce que l'Homme ?
(en collaboration avec Luc Ferry)
Odile Jacob, 2000
Poche, 2001
et « Bibliothèque », 2010

La Dispute sur le vivant
(en collaboration avec Jacques Arnould)
Desclée de Brouwer, 2000

Si j'avais défendu Ève, épouse Adam
Plon, 2001

Le Cœur des autres
Une biologie de la compassion
Plon, 2003
et *J'ai lu, 2005*

Désir et mélancolie
Les mémoires apocryphes de Thérèse Rousseau
Odile Jacob, 2006

Voyage extraordinaire au centre du cerveau
Odile Jacob, 2007
et poche, 2009

La vie est-elle sacrée ?
(en collaboration avec Jacques Arnould)
Salvator, 2009

Élisée Reclus
Géographe, anarchiste, écologiste
Robert Laffont, 2010

Le Sexe expliqué à ma fille
Seuil, 2010

Le Cerveau sur mesure
(en collaboration avec Pierre-Marie Lledo)
Odile Jacob, 2012
et poche, 2013

Biologie du couple
Robert Laffont, 2015

RÉALISATION : NORD COMPO À VILLENEUVE-D'ASCQ
IMPRESSION : NORMANDIE ROTO S.A.S. À LONRAI
DÉPÔT LÉGAL : JANVIER 2016. N° 109825-3 (1601631)
Imprimé en France